普通高等教育实验实训系列教材

电气信息类

电机及拖动实验技术

徐利 富强 编
赵影 主审

中国电力出版社
http://jc.cepp.com.cn

内 容 提 要

本书共分三章，主要内容包括电机与拖动实验的安全守则与基本要求、基本知识和电机及拖动教学实验。其中，教学实验包括直流电机认识实验、直流发电机、直流并励电动机、单相变压器、单相变压器的并联运行、三相变压器、三相变压器的连接组和不对称短路、三相鼠笼异步电动机的工作特性、三相异步电动机的起动与调速、三相同步电动机的运行特性、三相同步发电机的并联运行、三相同步电机参数的测定、力矩式自整角机实验、控制式自整角机参数的测定、正余弦旋转变压器实验、直流伺服电机实验、交流伺服电机实验、步进电动机实验等十八个实验。书后附录了电机系统教学实验台介绍。

本书为普通高等学校本科电气信息类和高职高专电力技术类专业"电机及拖动基础"课程的配套实验教材，也可作为有关技术人员的参考书。

图书在版编目（CIP）数据

电机及拖动实验技术/徐利，富强编 . —北京：中国电力出版社，2009.2（2023.1 重印）

普通高等教育实验实训规划教材 . 电气信息类

ISBN 978 - 7 - 5083 - 8211 - 1

Ⅰ. 电… Ⅱ.①徐…②富… Ⅲ.①电机－实验－高等学校－教材②电力传动－实验－高等学校－教材 Ⅳ. TM306

中国版本图书馆 CIP 数据核字（2008）第 203493 号

中国电力出版社出版、发行

（北京市东城区北京站西街 19 号 100005 http://www.cepp.sgcc.com.cn）

固安县铭成印刷有限公司印刷

各地新华书店经售

*

2009 年 2 月第一版 2023 年 1 月北京第五次印刷

787 毫米×1092 毫米 16 开本 6 印张 138 千字

定价 **16.00** 元

前　言

　　近年来，电机系统教学实验台——这种综合的电机实验装置，在国内高校普遍应用，它们的结构、原理相似，但厂家提供的资料与教学要求还有差别，且公开发行的适应通用电机实验台又适合教学要求的电机及拖动的实验教材还很少见，为此，编者编写此书，以满足教学实验的需要。

　　本书遵守《电机及拖动基础》课程的教学大纲要求，以杭州求是科技设备有限公司提供的资料为基础，结合教学实验的需要，选取《电机及拖动基础》书中常用的实验项目，扩充了实验过程中学生需要了解的一般知识。

　　本书各实验内容按照大纲的要求，指出与实验相关的理论问题及学生实验前需要预习的理论知识，给出实验接线的原理图，提出实验报告的分析问题，以便学生掌握实验内容的要点。通过实验，学生对学习过的各种电机及变压器的工作特性、电力拖动的机械特性等理论知识加以验证，加深他们对电机、变压器工作原理的理解，同时指导学生掌握实验操作方法，培养动手操作能力。

　　全书共分三章，第一、二章为沈阳工程学院富强编写，其余为沈阳工程学院徐利编写，并由徐利统稿。本书由天津理工大学赵影担任主审，提出许多宝贵意见和建议，在此表示衷心感谢。

　　由于编者水平有限，经验不足，书中难免有不当和错误之处，恳请读者批评指正。

编　者

2008 年 11 月

目　　录

第一章　电机及拖动实验的安全守则与基本要求

第一节　电机及拖动实验的安全守则

电机及拖动实验中，实验设备中既有危害实验人员的动力电源，又有高速运转的电机设备。为了确保人身、设备及实验室的安全、维护工作环境，制定本守则，希望进入实验室的人员共同遵守本规则。

（1）首次进入实验室，学生应该接受安全常识教育，了解电机和电源可能对学生造成的伤害。

（2）学生应注意衣着穿戴、头发及实验用导线等卷入电机转轴。若出现此类意外，应果断关闭电源，报告实验指导老师。

（3）禁止在实验室吸烟、打闹、喧哗、随地吐痰、丢弃垃圾或遗弃废物。

（4）电源必须经过开关或接触器或熔断器接入电路，严禁带电接线、改线、拆线，禁止接触裸露带电导体或触摸电机的旋转部件。

（5）实验开始后，学生不得擅自离开实验台，不能做与实验内容无关的操作。

（6）实验中，若发现熔断器烧断，仪表、设备失灵或出现烟味，设备异常振动或发出声响，应迅速关闭电源，报告实验老师处理。

（7）实验操作结束时，应先把设备的功率调到最小状态或关闭电源，让实验老师检查实验数据，经老师同意停止实验，拆实验导线和设备、恢复设备初始状态、收拾实验台，填写实验记录。

第二节　电机及拖动实验的基本要求

一、实验准备

课前必须预习实验教材和相关实验理论内容，初步了解实验设备的原理、性能；明确实验目的、原理、步骤及方法，实验测试数据结果可能的特点及哪些实验操作对实验结果影响较大；准备好实验用笔和纸，作出实验表格。

二、实验操作过程

实验操作过程是在做好实验预习和准备的前提下，开展实验过程。实验前，检查仪表是否正常（如仪表无被测量时，应显示"0"或无穷等）。

（1）实验操作注意事项：按照 2～3 个人一个实验台分组，并在以后的实验中，同组的人固定于指定的实验台上。实验前，熟悉实验设备，记录实验设备的铭牌参数；实验中，对连线、实验过程操作、数据记录等，分工协作，互相提醒。要调整仪表误差归零。

（2）接线原则：简单明了，布局合理，操作、调整和读数方便。

从电源端出发，对照原理图，按照先接主回路、后接辅助回路，先串联后并联，依次接入设备。如果是直流回路，应该按照电流从正极入、负极出的原则连接仪表及设备。注意要求接线简短，操作方便，读数清楚。线路连接处一定要接实，防止虚接。

（3）接线完毕后，把实验设备初始位置按着实验要求调整好，选择合适的仪表量程，不清楚测量范围时，应宁大勿小或问实验老师。开关一般置断开状态，调压器初始通常置最小。

（4）对照原理图，熟悉设备并检查接线及设备初始位置，正确无误，就可以让实验指导老师帮助检查接线。

检查完接线，即可按照实验步骤进行操作。

三、实验报告

实验报告既是实验过程的总结，也是用电机及拖动中的相关理论对实验数据、实验现象进行分析、总结得出的实验结论。

写实验报告要做到字迹工整，格式完整，叙述准确，逻辑清楚，图表规范。具体要求如下：

（1）填写实验报告封面，包括姓名、班级、学号、实验时间、地点和实验名称。

（2）实验目的。

（3）画实验原理图。

（4）实验设备和仪表。以表格形式，填写实验仪表设备的名称、型号、规格、编号、数量、铭牌等。

（5）实验内容及步骤。简明、有条理地写出实验内容和步骤。

（6）绘图。根据实验数据或计算数据，选择适当范围和合理比例，用坐标纸绘制曲线。

（7）分析。对实验结果进行分析，如方案比较、误差分析，或根据实验报告要求得出结论，也可以提出改进建议。

第二章　电机及拖动实验的基本知识

第一节　测量方法及误差分析

一、基本测量方法

测量是把被测量与同类的作为标准的量进行比较，用被测量除以标准量得出倍数值（测量值）的过程。测量值由数值和单位组成。比如，测量照明用电源电压，得 220V，其中 220 为数值，V（伏）为单位。

测量时，必须要考虑测量对象、测量方法、测量设备三个因素，根据测量对象及测量精度的要求来选择适当的测量方法和测量设备。测量方法主要有直接测量法、间接测量法、组合测量法、比较测量法、微差测量法和零位测量法等。

1. 直接测量法

直接得到被测量值的测量方法，称为直接测量法，如用电压表测量电压，用电流表测量电流。

2. 间接测量法

通过对与被测对象有函数关系的其他物理量的测量，才能得到被测量值的方法，称为间接测量法。例如，通过测量电阻上的电压 U 和电流 I，计算得到电阻的阻值 $R=U/I$。

3. 组合测量法

组合测量法是根据直接测量或间接测量的测量值，建立求解方程组，通过解方程组得出被测量的测量法。

4. 比较测量法

把被测量与已知的同类标准进行比较的测量方法，称为比较测量法，如电桥法测电阻。比较测量法是精度高的测量方法。

5. 微差测量法

这种测量方法把被测量与一个与它有微小差别的已知标准值进行比较，通过测量出两者的差值，从而确定被测量值的大小。此方法测量时，即使差值的测量精度不够高，但由于差值相对于标准值很小，而标准值精度很高，所以总的测量结果精度会较高。

6. 零位测量法

用这种方法测量时，通过调整已知量的作用效果，使之与被测量值的作用效果相互抵消，总的效应为零，于是被测量等于已知量。

二、误差及表示方法

测量过程中，测量结果与被测值之间的偏差，称为误差。为了便于对误差分析、减小误差，按误差的性质把它分为系统误差、随机误差和粗大误差三类。

1. 系统误差

在相同的测量条件下，多次测量同一个量，误差的大小、正负号恒定或按某种确定的规律变化，这种误差称为系统误差。出现系统误差，有如下原因：

（1）测量仪器本身不准确。

（2）实验所依据的理论公式的近似性或实验方法的近似性。

（3）实验人员的操作水平、反应能力不足。

2. 随机误差

在相同的实验条件下，多次测量同一量，误差大小、正负号均可能发生变化，这种误差称为随机误差。随机误差的分布符合正态分布规律，具有以下特征：

（1）有界性：绝对值很大的误差出现的几率接近零。

（2）对称性：绝对值相同的正负误差，出现几率相同。

（3）单峰性：绝对值小的误差出现几率大，绝对值大的误差出现几率小。

（4）抵偿性：测量充分多时，测量结果的正负误差相加之和趋于零。

由于随机误差有抵偿性特征，实验中增加测量次数，计算出测量结果的平均值，可以减小测量误差。

3. 粗大误差

测量时，不能解释的、突出的误差称作粗大误差。它是由于操作者在读数、记录、计算、设备设置中出错或设备有缺陷引起的误差。在多次测量中，粗大误差的结果明显偏离均值，只要发现就要舍去。

三、测量仪表的技术指标

1. 准确度等级

反映随机误差与系统误差综合大小，测量结果与真实值相一致的程度，工程上用准确度来表示，即根据仪表的最大容许引用误差取最大误差来描述。最大误差 ΔA_m 与测量上限值 A_m 的比值表示仪表的准确度，即取

$$r = \frac{\Delta A_m}{A_m} \times 100\%$$

则仪表的准确度等级 $K \geqslant 100r$。K 越小，则仪表的准确度越高。例如：我国的电流表和电压表的准确度等级 K 从 0.05～5.0，共 11 个等级。仪表的等级与其最大容许引用误差的对应关系见表 2-1。通常 0.1 级和 0.2 级的仪表用作标准仪表，用来检验其他仪表；0.5～1.0级的仪表可用于实验室测量，工厂生产监视用 1.0～5.0 级的仪表。

表 2-1　　　　　　　　　　电流表和电压表的基本误差

准确度等级	0.1	0.2	0.3	0.5	1.0	2.0	5.0
引用误差	±0.1%	±0.2%	±0.3%	±0.5%	±1.0%	±2.0%	±5.0%

2. 量程

电压表（电流表）量程是指电压（电流）档所能测量的最小和最大电压（电流）值的范围，数字仪表是由输入通道中的衰减器和放大器的适当配合来实现改变量程的。选择量程时，应根据被测量的可能的最大值，选择大于该值的最小量程，这样测取的数据的引用误差最小。

3. 灵敏度

仪表能够测得的最小值，称为它的灵敏度。高灵敏度仪表能够反映被测量的微小变化，但仪表的量程可能不够；低灵敏度仪表则不能反映较小的被测量。因而对仪表灵敏度的要求要适当。

4. 精度

精度是指在相同条件下多次测量结果互相吻合的程度，表现了测定结果的再现性。精度用偏差表示，偏差越小，说明测定结果的精度越高。

四、不确定度的概念

不确定度是指由于测量误差的存在而对被测量值不能确定的程度，它反映了真值可能存在的误差分布范围，即随机误差分量和未定系统误差的联合分布范围，是真值以某个可能性大小的概率 P（称为置信概率）落在最佳估计值附近的一个区间（称为置信区间），用 Δ 表示。一个完整的测量结果的表示，即要给出最佳估计值，又要标出不确定度 Δ，而 P 对于不同的行业取不同的值，如 0.68、0.90、0.95、0.99 等。一般在工业技术和商务活动中，约定 $P=0.95$。这样，一个完整的测量结果应表示为

$$Y = y \pm \Delta (P = \rho)$$

式中，Y 为测量对象；y 为测量值；Δ 为不确定度。

$Y = y \pm \Delta$ 表示：测量的真值以 $P = \rho$ 的概率落在 $(y+\Delta, y-\Delta)$ 范围内，其中 Δ 是一个恒正的量，其取值与概率取值 ρ 有关，本书中 $P = 0.95$。

按照不确定度数值类别的不同，不确定度需要计算两类分量：

A 类分量 Δ_A——多次重复测量时用统计学方法估算的分量。

B 类分量 Δ_B——用其他方法（非统计学方法）评定的分量。

这两类分量在相同置信概率下用方均根方法合成总的不确定度，即

$$\Delta = \sqrt{\Delta_A^2 + \Delta_B^2}$$

A 类、B 类中不确定度的估算，需要考虑直接测量值或间接测量值、单次测量或多次测量以及测量仪表的准确度等级等因素，比较复杂，可以参考《几何量测量不确定度评定》❶确定，这里只介绍单次直接测量的不确定度的估算。

单次测量中，A 类分量 $\Delta_A = 0$，所以只需考虑 Δ_B，也就是 $\Delta = \Delta_B = \sqrt{\sum_{i=1}^{n} u_i^2}$, $n = 1, 2, 3, \cdots$，u_i 为测量仪表、测量方法的误差引起的各种不确定度，如 u_1 代表仪表基本误差引起的不确定度，u_2 代表仪表附加误差引起的不确定度，u_3 代表方法误差引起的不确定度。近似计算中，当置信概率 $P = 0.95$ 时，Δ 用仪表的准确度等级来求取。

比如，一电压表的量程为 $U_m = 300V$，0.5 级，测量值为 $U = 240.0V$，则

$$\Delta = U_m \times 0.5\% = 300 \times 0.5\% = 1.5(V)$$

测量结果为

$$U = 240.0 \pm 1.5(V) \quad (P = 0.95)$$

五、正确选择使用仪表

选取仪表应注意以下条件：

（1）根据被测量要求，选取合理的准确度。

（2）具有良好稳定度，即被测量及外部环境不变时仪表指示值要相对稳定。

（3）具有合适的灵敏度，满足实验结果需要。

（4）确定仪表本身的功耗、测量速度满足需要。

---

❶ 倪育才. 几何量测量不确定度评定. 北京：中国计量出版社，2006.

使用仪表时:

(1) 阅读仪表说明书,按说明书要求放置仪表,注意工作环境的温度、湿度及电磁场环境。

(2) 仔细认定被测对象的性质、大小,如电压、电流的范围,频率等,确定仪表满足要求。

(3) 测量前仪表要校准和调零,根据被测量选择量程。

(4) 测量结束时,将仪表复位。

第二节　实验结果的处理分析

实验中要记录数据并进行运算,记录的数据应取几位,运算后应保留几位,要考虑数据的有效数字的问题。为了表示实验结果和分析其中规律,需要将实验中的数据进行归纳和整理。实验结果可以采用列表法和作图法表示。

一、数据处理

受仪器精度和误差的限制,测得的任何一个物理量的数值和位数只能是有限的,用不确定度表示尽管完整,但比较繁琐。实验中,常把测量数值写成几位可靠的数字加上一位可疑数字,即有效数字。

记录有效数字及处理含有效数字的运算,应注意以下几点。

1. 有效数字组成

数字当中的"0"与数字后面的"0",都是有效数字,有效数字的位数与单位换算无关,有效数字通常采用四舍五入。例如

$$23.76V = 2.376 \times 10^{-2}kV$$

2. 测量仪器的读数规则

测量误差出现在哪一位,读数就相应读到哪一位。直接测量中读出的测量值的有效数字的最后一位要与读数误差所在的一位对齐。对于常用的仪器,可按下述方法读数:

(1) 指针式仪表:最小分度是"1"的仪器,测量误差出现在下一位,下一位按1/10估读,如最小刻度是1V的电压表,测量误差出现在0.1V数据位上,估读到零点几伏。最小分度是"2"和"5"的仪器,测量出现在同一位上,同一位分别按1/2或1/5估读。电流表的0.6A量程,最小分度为0.02A,误差出现在安培的百分位,只读到安培的百分位,估读半小格,不足半小格的舍去,超过半小格的按半小格估读;以安培为单位读数时,百分位上的数字可能为0,1,2,3,…,9。电压表的15V量程,最小分度为0.5V,测量误差出现在伏特的十分位上,只读到伏特十分位,估读五分之几小格;以伏特为单位读数时,十分位上的数字可能为0,1,2,…,9。

(2) 数字式仪表:数字式仪表显示的数据就是有效数字,直接记录显示数据。

3. 有效数字的运算法则

(1) 几个数相加减时,所得结果的有效数字应以保留各个数中最高可疑的位数为标准(以下按四舍五入)。例如(为了明显,可疑数字下加一横线)

$$352.\underline{3} + 2.56\underline{2} = 354.\underline{8}62 = 354.\underline{9} = 3.549 \times 10^2$$

(2) 几个数相乘除时,所得结果的有效数字的位数应与几个数中有效数字位数最少的位

数相同（以下四舍五入）。例如

$$25.\underline{2} \times 28 = 7\underline{06} = 7.\underline{1} \times 10^2$$

（3）乘方与开方运算结果的有效数字位数，与底数的有效数字位数相同。例如

$$(4.23\underline{7})^2 = 17.952169 = 17.\underline{95}$$

$$\sqrt{35.\underline{4}} = 5.9498\cdots = 5.\underline{95}$$

（4）一个数的对数的有效数字位数一般与变量的位数相同。例如

$$\lg 7.54\underline{8} = 2.0212826\cdots = 2.0\underline{21}$$

（5）有多个数值参加运算时，在运算中途应比按有效数字运算规定的多保留一位，以防止由于多次取舍引入计算误差，但运算最后仍应舍去。例如

$$3.14\underline{4} \times (3.715\underline{2} - 2.684\underline{2}) \times 12.39$$
$$= 3.14\underline{4} \times (3.71\underline{5} - 2.68\underline{4}) \times 12.39$$
$$= 3.14\underline{4} \times 1.03\underline{1} \times 12.39$$
$$= 40.1\underline{6}$$
$$= 40.\underline{2}$$

（6）常数（如 2，1/2，$\pi \cdots$ 等）的有效数字位数为无限位，可根据具体问题适当选取。例如

$$1.3\underline{2} + \pi = 1.3\underline{2} + 3.1\underline{4} = 5.4\underline{6}$$

二、列表法

对实验数据的结果处理，最常用的是函数表。将自变量 X 和应变量 Y 一一对应排成表格，以表示两者的关系。列表应注意以下几点：

（1）每一表格必须有简明的名称，注明实验条件。

（2）行名及量纲。数据按行排列时，每一变量应占表格中一行，每一行的第一列写上该行变量的名称及量纲。按列排列的数据规则与按行排列相似。

（3）每一行所记数字应注意其有效数字位数。

（4）自变量的选择有一定灵活性。通常选择较简单的变量（如测量序号、电压、电流等）作为自变量。

三、图解法

把表示两个物理量之间的数据对用曲线来表示，能使得物理量之间的关系表现更直观，能清楚地反映出实验过程中变量之间的变化进程和连续变化的趋势，便于揭示内部本质特征，在实验工作中也有普遍的实用价值。精确地绘制图线，在具体数学关系式为未知的情况下还可进行图解，并可借助图形来选择经验公式的数学模型。

图解法的主要问题是拟合曲线，一般可按如下步骤进行：

（1）整理数据，即取合理的有效数字表示测得值，剔除可疑数据，给出相应的测量误差。

（2）坐标纸的选择应为便于作图或更能方便地反映变量之间的相互关系为原则。可根据需要和方便选择不同的坐标纸，原来为曲线关系的两个变量经过坐标变换、利用对数坐标就能变成直线关系。常用的有直角坐标纸、单对数坐标纸和双对数坐标纸。

（3）坐标纸选定以后，就要合理地确定图纸上每一小格的距离所代表的数值，即分度。分度应注意下面三个原则：

1）分度的大小应当与测量值所表达的精确度相适应。

2）分度应以不经过计算就能直接读出图上每一点坐标为宜，因而分度尽量采用1、2、5、10，避免使用3、7、9等数字。

3）分度应使曲线占坐标纸的大部分。分度过细，则图形太大；分度过粗，则图形太小。两轴的原点也可以不为零，以便曲线占据图纸的适中位置。

（4）作散点图，根据确定的坐标分度值将数据作为点的坐标在坐标纸中标出，考虑到数据的分类及测量的数据组先后顺序等，应采用不同符号标出点的坐标。常用的符号有×○●△■等，规定标记的中心为数据的坐标。

（5）拟合曲线，是用图形表示实验结果的主要目的，也是培养学生作图方法和技巧的关键一环。拟合曲线时应注意以下几点：

1）转折点尽量要少，更不能出现人为折曲。

2）曲线走向应尽量接近各坐标点，而不一定通过所有点。

3）除曲线通过的点以外，处于曲线两侧的点数应当相近。

（6）注解说明，规范的作图法表示实验结果要对得到的图形作必要的说明，其内容包括图形所代表的物理定义、查阅和使用图形的方法，制图时间、地点、条件，制图数据的来源等。

如变压器空载特性曲线如图2-1所示，变压器负载特性曲线如图2-2所示。

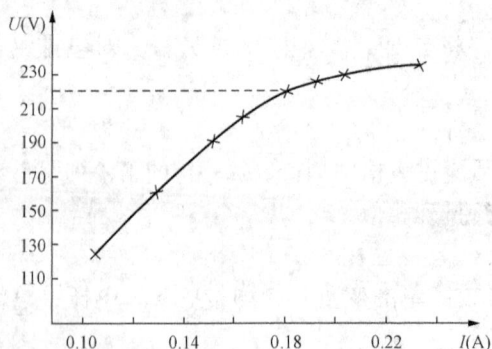

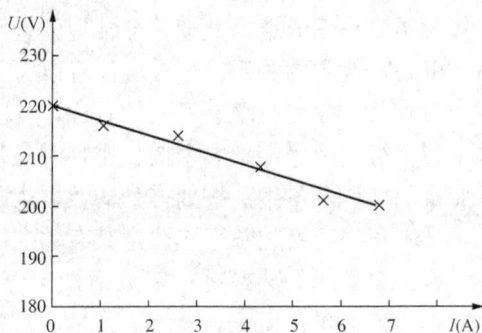

图2-1　变压器空载特性曲线　　　　　　图2-2　变压器负载特性曲线

第三节　电工量测量

一、电压、电流测量

电工仪表中电压、电流的测量仪表，分为电压表和电流表；从原理上可分为磁电系仪表和电磁系仪表。

电压测量：电压测量分为直流电压测量和交流电压测量。

电流测量：电流测量也分为直流电流测量和交流电流测量。

直流电流表通常在正负出线端标有"＋"、"－"符号，也有用红、黑颜色作为标志的。应用时，仪表串联到主回路中，电流应该从"＋"端进入电流表，从"－"端离开。电流表的显示方式有数字式和指针式两种。

直流电压表通常在正负出线端标有"＋"、"－"符号，也有用红、黑颜色作为标志的。应用时，仪表并联到电路上，"＋"、"－"接线端与测量电路的极性要一致。电压表的显示方式有数字式和指针式两种。

交流电压使用交流电压表测量，一般电压表可以直接测量 600V 以下电压，超过电压表上限的电压，要使用电压互感器测量。电压互感器其实就是一个精密变压器，用于把高电压转换成电压表量程上的电压。被测高压是标准电压时，电压互感器一次侧额定电压应该与被测电压一致。测量非标准电压时，互感器一次侧额定电压略高于被测电压。使用时，互感器的二次侧不能短路。

交流电流表测量电流有两种方式：测小电流时，电流表直接串入测量电路；测大电流时，把电流互感器一次侧串入测量电路，二次侧连接电流表。电流互感器一次侧电流额定值应稍大于被测电流，二次侧串联电流表、不能开路。

二、电功率测量

1. 单相负载有功功率测量

图 2-3 所示单相交流电路中，有功功率 $P = UI\cos\varphi$，因而有功功率需要测量 U、I、$\cos\varphi$，功率表上 1、2 端子测量 I，3、4 端子测量 U，1、3 端短接，4、2 端子反映了 U、I 的相位差 φ。功率表通过模拟电路或数字处理的方法，计算出 $P = UI\cos\varphi$ 的值。

2. 三相交流电路功率测量

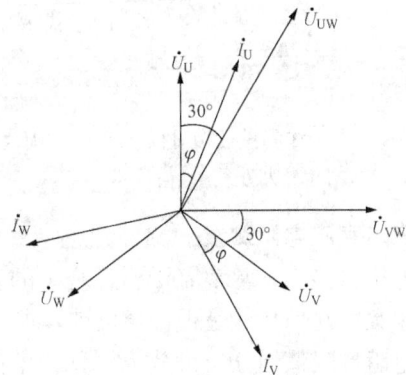

三相电路中，三相对称负载的电压、电流相量图如图 2-4 所示，总负载功率是三个负载功率之和，其原理如图 2-5 所示。总负载功率为

$$P_\Sigma = P_U + P_V + P_W \tag{2-1}$$

$$P_U = U_U I_U \cos\varphi_U = \dot{U}_U \cdot \dot{I}_U \tag{2-2}$$

$$P_V = U_V I_V \cos\varphi_V = \dot{U}_V \cdot \dot{I}_V \tag{2-3}$$

$$P_W = U_W I_W \cos\varphi_W = \dot{U}_W \cdot \dot{I}_W \tag{2-4}$$

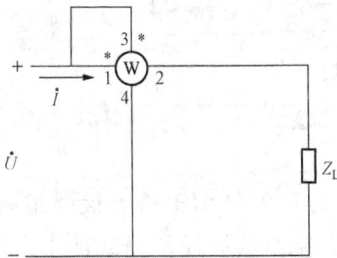

图 2-3　功率表测量负载有功功率的接线　　　图 2-4　对称负载的电压电流相量图

把式（2-2）～式（2-4）代入式（2-1）中，得到

$$P_\Sigma = \dot{U}_U \cdot \dot{I}_U + \dot{U}_V \cdot \dot{I}_V + \dot{U}_W \cdot \dot{I}_W \tag{2-5}$$

由于 $\dot{I}_W = -\dot{I}_U - \dot{I}_V$，$\dot{U}_{UW} = \dot{U}_{UN} - \dot{U}_{WN}$，$\dot{U}_{VW} = \dot{U}_{VN} - \dot{U}_{WN}$，代入到式（2-4）中，整理得

$$P_\Sigma = \dot{U}_{\mathrm{UW}} \cdot \dot{I}_{\mathrm{U}} + \dot{U}_{\mathrm{VW}} \cdot \dot{I}_{\mathrm{V}} \tag{2-6}$$

按照式（2-6）得到的两表法测量三相交流负载的有功功率电路如图2-6所示。负载的有功功率为

$$P_\Sigma = P_{\mathrm{W1}} + P_{\mathrm{W2}} = \dot{U}_{\mathrm{UW}} \cdot \dot{I}_{\mathrm{U}} + \dot{U}_{\mathrm{VW}} \cdot \dot{I}_{\mathrm{V}} \tag{2-7}$$

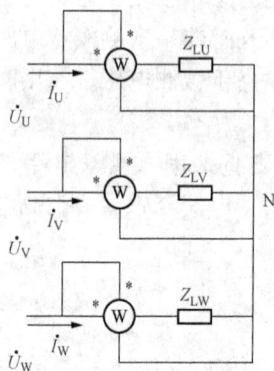

图2-5　三表法测量三相交流负载有功功率　　　图2-6　两表法测量三相交流负载有功功率

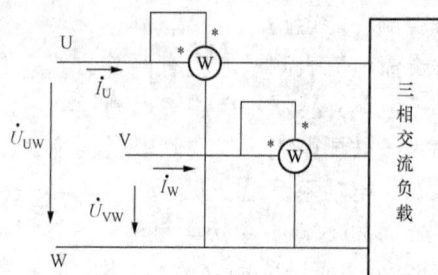

此方法适用于三相对称电压下、非对称的负载的有功功率测量。

3. 一表法测量三相对称负载电路无功功率

此方法只适用于三相电源下、三相对称负载电路的有功功率测量，接线如图2-7所示。

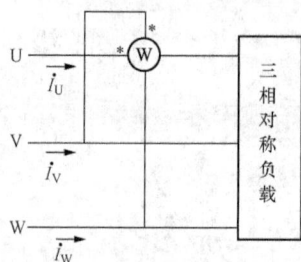

U相负载的无功功率为

图2-7　一表法测量三相对称
电路的无功功率

$$Q_{\mathrm{U}} = U_{\mathrm{U}} I_{\mathrm{U}} \sin\varphi_{\mathrm{U}} = (\mathrm{j}\dot{U}_{\mathrm{U}}) \cdot \dot{I}_{\mathrm{U}} \tag{2-8}$$

对称电压下，由图2-4可知

$$\dot{U}_{\mathrm{U}} = \frac{\mathrm{j}\dot{U}_{\mathrm{VW}}}{\sqrt{3}} \tag{2-9}$$

式（2-9）代入式（2-8）中，得到U相无功功率为

$$Q_{\mathrm{U}} = -\frac{1}{\sqrt{3}} \dot{U}_{\mathrm{VW}} \cdot \dot{I}_{\mathrm{U}} \tag{2-10}$$

三相对称负载无功功率为

$$Q_\Sigma = 3Q_{\mathrm{U}} = -\sqrt{3}\dot{U}_{\mathrm{VW}} \cdot \dot{I}_{\mathrm{U}} \tag{2-11}$$

三、直流电阻测量

电机实验中，常常需要测量绕组的直流电阻参数，目的是用于检查该绕组材料的电阻率、匝数、几何尺寸是否符合设计要求，或者为了计算绕组热损耗及绕组温升。

电阻按阻值划分，可分为：低值电阻，1Ω 以下；中值电阻，$1 \sim 10^5 \Omega$；高值电阻，大于 $10^5 \Omega$。

1. 电桥法

电桥法适用于测量低值电阻。由于此类电阻的电阻值很小，应采用很短的引线，且连接点要接实，避免引入误差。电桥法有单臂电桥法和双臂电桥法。测量绕组电阻，要求的精度较高，应采用双臂电桥测量，并取电桥所能达到的最大位数。

测量时，先把刻度盘旋到电桥能大致平衡的位置上，然后接通电源，待电桥中的电流达

到稳定，再按下检流计按钮。测量结束时，先断开检流计，再断开电源，避免检流计受到冲击。

2. 测量结果处理

绕组的电阻是随温度变化的，要得到绕组的实际工作阻值，应该把电阻的测量值转换到工作温度时的数值，换算式为

$$R_{\mathrm{w}} = \frac{K + \theta_{\mathrm{w}}}{K + \theta} R$$

式中　　θ_{w}——基准工作温度，℃；

　　　　θ——实验环境温度，℃；

　　　　R——绕组实验测量电阻，Ω；

　　　　K——绕组常数，铜绕组为 234.5，铝绕组取 228。

第四节　机　械　量　测　量

一、转矩测量

转矩有多种测量方法，如机械测功机法、涡流测功机法、磁粉测功机法、校正过的直流电机法、转矩仪法等。这里介绍常用于教学实验的涡流测功机法。

图 2-8 所示为一台涡流测功机。圆筒形的铁轭和支架通过轴承与转轴连接，磁极铁心固定在铁轭上，其外面套上励磁绕组。铁轭罩内设置若干对 S 极、N 极磁极（图 2-8 中只画 1 对），交替排列。铁轭下方固定一块金属压板，被固定在基座上的 2 个压力传感器限制于小范围的活动空间里。使用时，绕组中通入直流电流 I，将在磁极铁心与转子铁心之间产生磁通 ϕ，在铁轭、磁极铁心、气隙、转子铁心之间环成闭合磁路。

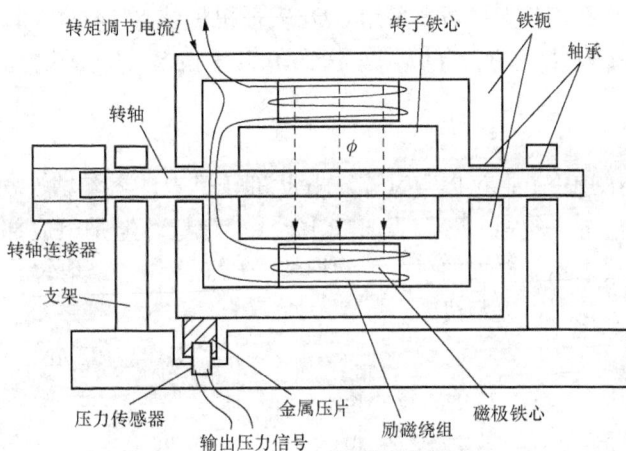

图 2-8　涡流测功机

原动机通过转轴连接器拖动转子铁心以转速 n 旋转时，转子铁心因切割磁场感应出涡流，产生制动转矩 T，此转矩传递到金属压片上，以压力形式传递到压力传感器，压力转换成输出电流信号，输送到电路设备或仪表上，供处理、显示。只要改变励磁电流 I，就可以改变转矩。

二、转速测量

转速是旋转电机运行的重要机械量，测量方法有用离心原理制成的转速仪表、闪光频率可调的测速仪、直流电机的发电机原理测量转速，用霍尔元件对旋转齿轮的齿槽位置的磁电转换测量转速，用光敏电阻对光的明暗变化测量旋转体的转速等。

图 2-9 所示为光电式测速，是常用的测量转速方法之一。转轴旋转时，固定在转轴上

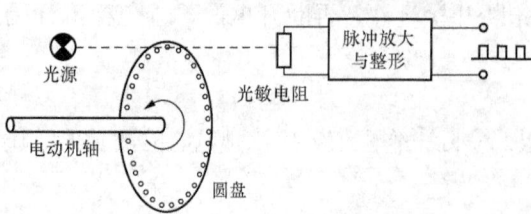

图 2-9　光电式测速

的圆盘同速转动，圆盘上的通光口次序经过发光二极管旁边。固定基座上的发光二极管发出的光断续通过通光口，照射到光敏电阻上，引起电阻值的高低变化。接入外电路时，此电阻值的高低变化被转换成电压信号的频率，代表转轴的转速。测速精度较高的测速器，其圆盘上排列的小孔可多达 1024 个，圆盘旋转一周，产生 1024 个脉冲。

此方法测量低转速时，输出的电脉冲周期长，因而对转速变化不够灵敏。

三、电动机飞轮惯量的测量

电动机的转动惯量是电力拖动系统中的重要物理量，直接影响电机的起动或制动性能。转动惯量的表达式为

$$J = \frac{GD^2}{4g}$$

式中　J——转动惯量的通用标准，$kg \cdot m^2$；

　　　G——转子的重量，N；

　　　D——转子的惯性直径，m。

在工程上，习惯采用 GD^2 表征机械惯性。GD^2 叫做飞轮矩或飞轮惯量，其测量的方法主要有计算法、自由停车法、单钢丝扭转法、双钢丝扭转法和辅助摆动法。这里介绍前两种。

1. 计算法

理论上，可以通过计算电动机转子上的各组成部分（如转子铁心、铜条或铝条、端环等）的飞轮矩，然后累加来计算飞轮惯量。但是组成部分的计算复杂，难以得到精确结果。在要求不太严格的场合，常把整个转子当作一个均匀的圆柱体，近似计算出飞轮矩。飞轮惯量表达式可以写成

$$GD^2 = 2gmr^2$$

式中　m——转子质量，kg；

　　　r——转子半径，m；

　　　g——重力加速度，$g=9.81m/s^2$。

通过测取转子质量和转子半径，可求取飞轮惯量。

2. 自由停车法

多数飞轮惯量测量方法需要拆装转子，比较麻烦。而自由停车法可以不拆下转子测量飞轮惯量。

首先，让电机空转一定时间，测出电机在额定转速时的机械损耗 P_m。

对于直流电动机，可近似认为

$$P_m = U_a I_a - I_a^2 R_a$$

式中　U_a——电枢端电压，V；

　　　I_a——电枢电流，A；

　　　R_a——电枢回路电阻，Ω。

对于异步电动机，可近似认为

$$P_m = P_1 - P_0$$

式中　P_1——三相异步电动机的电源输入功率，W；

　　　P_0——定转子铜损耗及铁损耗之和，W。

额定转速下，有

$$P_m = T_L \Omega = T_L \frac{2\pi n_N}{60}$$

即

$$T_L = \frac{60 P_m}{2\pi n_N}$$

式中　n_N——额定转速，r/min；

　　　T_L——额定转速附近，平均负载转矩，N·m。

试验中，使运行的电机转速提高到 $1.1 n_N$，然后关断电源，让电机自由减速停车。当电机转速从 $1.1 n_N$ 下降到 $0.9 n_N$ 时，测量转速降 Δn（r/min）及所用时间 Δt（s）。根据电力拖动系统运动方程

$$T_{em} - T_L = \frac{GD^2}{375} \frac{\mathrm{d}n}{\mathrm{d}t}$$

当关断电源后，$T_{em} = 0$，$\dfrac{\mathrm{d}n}{\mathrm{d}t} = -\dfrac{\Delta n}{\Delta t}$，得到

$$GD^2 = \frac{375 T_L \Delta t}{\Delta n}$$

通过整理得到：

直流电动机

$$GD^2 = 3581 \frac{(U_a I_a - I_a^2 R_a) \Delta t}{n_N \Delta n}$$

异步电动机

$$GD^2 = 3581 \frac{(P_1 - P_0) \Delta t}{n_N \Delta n}$$

第三章　电机及拖动教学实验

实验一　直流电机认识实验

一、实验目的

(1) 学习电机实验的基本要求和安全操作的注意事项。

(2) 认识在直流电机实验中所用的电机、仪表、变阻器等组件及其使用方法。

(3) 熟悉他励电动机的接线、起动、改变电机方向与调速的方法。

二、预习要点

(1) 如何正确选择使用仪器仪表，特别是选择电压表、电流表的量程？

(2) 直流他励电动机起动时，为什么在电枢回路中需要串联起动变阻器？如果不连接，会产生什么严重后果？

(3) 直流电动机起动时，励磁回路连接的磁场变阻器应调至什么位置，为什么？若励磁回路断开造成失磁，会产生什么严重后果？

(4) 直流电动机如何进行调速及改变转向？

三、实验项目

(1) 了解电机系统教学实验台上的可调直流稳压电源、涡流测功机、变阻器、多量程直流电压表、电流表、毫安表及直流电动机的使用方法。

(2) 用伏安法测量直流电机电枢绕组的冷态电阻。

(3) 直流他励电动机的起动、调速及改变转向。

四、实验设备及仪器

(1) 直流他励电动机	1台
(2) 涡流测功机	1台
(3) 转速表	1块
(4) 可调直流稳压电源	2台
(5) 直流电压表	2块
(6) 直流安培表	1块
(7) 直流毫安表	1块
(8) 可调电阻器	2台
或电机系统教学实验台	1套

五、实验方法

1. 直流仪表和变阻器的选择

直流仪表量程是根据电机的额定值和实验中可能达到的最大值来选择的。

(1) 电压量程的选择。选用直流电压表的量程为大于被测量电动机的额定电压的最小量程。

(2) 电流量程的选择。选用直流电流表的量程为大于被测量电动机的额定电流的最小量程。

(3) 电机转速。根据额定转速选择转速测量的量程。

（4）变阻器的选择。变阻器选用的原则是根据实验中所需的阻值和流过变阻器最大的电流来确定。

2. 用伏安法测量电枢绕组的直流电阻

测电枢绕组直流电阻的实验接线如图3-1所示。

（1）读取实验室温度，填入表3-1中。

（2）检查接线无误后，调节磁场调节电阻 R 到最大。

（3）可调节直流稳压电源的开关闭合，建立直流电源，并调节其电压到电机的额定电压。

（4）调节 R 使电枢电流接近电枢额定电流的 20%（电流过大，电机可能因剩磁旋转而测不出电枢电阻），迅速测取电机电枢两端电压 U_M 和电流 I_a。将电机转子分别旋转 1/3 和 2/3 周，同样测取 U_M、I_a，填入表3-1。

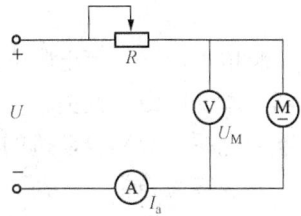

图3-1 测电枢绕组直流电阻实验接线图

表 3-1 伏安法测电枢绕组的直流电阻实验数据

环境温度			$\theta_{ref}=$_____℃		
序号	U_M(V)	I_a(A)	$R(\Omega)$	$R_a(\Omega)$	$R_{aref}(\Omega)$
1			R_{a1}		
2			R_{a2}		
3			R_{a3}		

取三次测量的平均值作为实际冷态电阻值，$R_a=(R_{a1}+R_{a2}+R_{a3})/3$。

（5）计算基准工作温度时的电枢电阻。由实验测得电枢绕组的电阻值为实际冷态电阻值，冷态温度为室温。将其换算到基准工作温度时的电枢绕组电阻值，换算式为

$$R_{aref} = R_a \frac{235 + \theta_{ref}}{235 + \theta_a}$$

式中 R_{aref}——换算到基准工作温度时的电枢绕组电阻，Ω；

$\quad\quad R_a$——电枢绕组的实际冷态电阻，Ω；

$\quad\quad \theta_{ref}$——基准工作温度，对于 E 级绝缘为 75℃；

$\quad\quad \theta_a$——实际冷态时电枢绕组的温度，取实验室温度，℃。

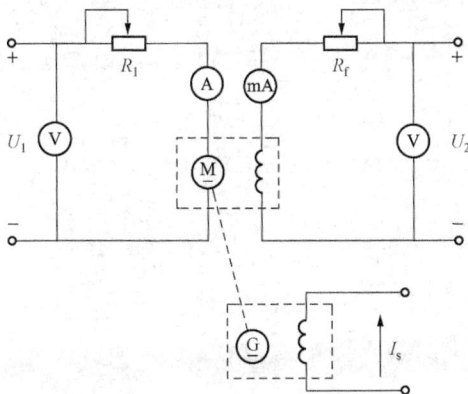

图3-2 直流他励电动机实验接线图

3. 直流电动机的起动

（1）按图3-2接线，检查电动机和测功机之间是否用联轴器连接好，电动机励磁回路接线是否牢靠，仪表的量程、极性是否正确。

（2）将电机电枢的调节电阻 R_1 调至最大，磁场调节电阻 R_f 调至最小，转矩调至最小。

（3）先闭合励磁电源（电压为 U_2）开关，再闭合可调直流稳压电源（电压为 U_1）开关，此时，电机已经旋转。

（4）减小调节电阻 R_1 至最小。

（5）调节电压 U_1，使其输出到电枢额定电

压 U_N。

4. 调节他励电动机的转速

分别改变串入电动机电枢回路的调节电阻 R_1 和励磁回路的调节电阻 R_f；调节转矩设定电位器，注意电枢电流不要超过 I_N。可分别观察以上两种情况下转速的变化情况。

5. 改变电动机的转向

将电枢回路调节电阻 R_1 调至最大值，调节转矩到零，断开电源（电压为 U_1）的开关，再断开励磁电源的开关，使他励电动机停机，将电枢或励磁回路的两端接线对调后，再按前述起动电机，观察电动机的转向及转速表的读数。

六、实验报告

（1）画出直流他励电动机电枢串电阻起动的接线图。电动机起动时，起动电阻 R_1 和磁场调节电阻 R_f 应调到什么位置？为什么？

（2）增大电枢回路的调节电阻，电机的转速如何变化？增大励磁回路的调节电阻，转速又如何变化？

（3）用什么方法可以改变直流电动机的转向？

（4）为什么要求直流他励电动机励磁回路的接线要牢靠？

实验二　直 流 发 电 机

一、实验目的

（1）掌握用实验方法测定直流发电机的运行特性，并根据所测得的运行特性评价被试电机的有关性能。

（2）通过实验观察直流并励发电机的自励过程和自励条件。

二、预习要点

（1）什么是直流发电机的运行特性？对于不同的特性曲线，在实验中哪些物理量应保持不变，哪些物理量应被测取？

（2）做空载实验时，励磁电流为什么必须单方向调节？

（3）直流并励发电机的自励条件有哪些？当发电机不能自励时，应如何处理？

（4）如何确定直流复励发电机是积复励还是差复励？

三、实验项目

1. 他励发电机

（1）空载特性：保持 $n=n_N$，使 $I=0$，测取 $U_0=f(I_f)$。

（2）外特性：保持 $n=n_N$，使 $I_f=I_{fN}$，测取 $U=f(I)$。

（3）调节特性：保持 $n=n_N$，使 $U=U_N$，测取 $I_f=f(I)$。

2. 并励发电机

（1）观察自励过程。

（2）测外特性：保持 $n=n_N$，使 $R_{f2}=$ 常数，测取 $U=f(I)$。

3. 复励发电机

积复励发电机外特性：保持 $n=n_N$，使 $R_{f2}=$ 常数，测取 $U=f(I)$。

四、实验设备及仪器

（1）涡流测功机	1台
（2）转速表	1块
（3）直流他励发电机	1台
（4）直流并励发电机	1台
（5）直流复励发电机	1台
（6）可调直流稳压电源	1台
（7）直流电压表	2块
（8）毫安表	2块
（9）安培表	1块
（10）可调电阻器	2台
（11）电机起动箱	1台
或电机教学实验台	1套

五、实验说明及操作步骤

（一）直流他励发电机

直流他励发电机的实验接线如图 3-3 所示。

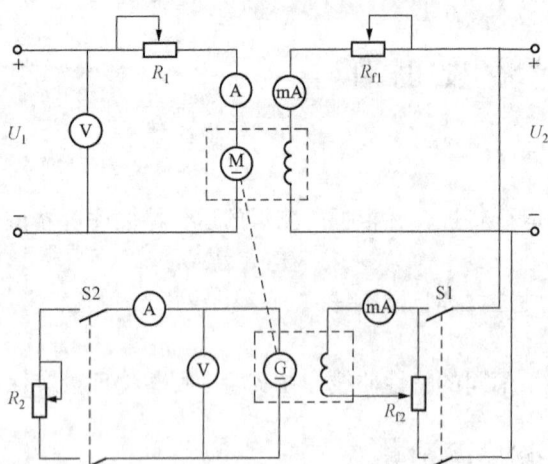

图 3-3　直流他励发电机实验接线图

1. 空载特性

（1）打开发电机负载开关 S2，合上励磁电源开关 S1，接通直流电机励磁电源 U_2，调节 R_{f2}，使直流发电机的励磁电压最小，直流毫安表读数最小。此时，注意选择各仪表的量程。

（2）调节电动机电枢调节电阻 R_1 至最大，磁场调节电阻 R_{f1} 至最小，起动可调直流稳压电源 U_1，使电机旋转。

（3）从转速表上观察电机旋转方向，若电机反转，可先停机，将电枢或励磁两端接线对调，重新起动，则电机转向应符合正向旋转的要求。

（4）调节电动机电枢电阻 R_1 至最小值，U_1 调至电机额定电压 U_N，再调节电动机磁场电阻 R_{f1}，使电动机（发电机）的转速达到额定转速，并在以后整个实验过程中始终保持此额定转速不变。

（5）调节发电机磁场电阻 R_{f2}，使发电机空载电压达 $U_0 = 1.2U_N$ 为止。

（6）在保持电机额定转速的条件下，从 $U_0 = 1.2U_N$ 开始，单方向调节分压器电阻 R_{f2}，使发电机励磁电流逐次减小，直至 $I_{f2} = 0$。

每次测取发电机的空载电压 U_0 和励磁电流 I_{f2}，取 7～8 组数据，填入表 3-2 中。$U_0 = U_N$ 和 $I_{f2} = 0$ 两点必测，并在 $U_0 = U_N$ 附近测量点应较密。

表 3-2　　　　　　　　　　他励直流发电机空载特性实验数据

保持不变条件		$n = n_N =$ _____ r/min							
$U_0(V)$									
$I_{f2}(A)$									

2. 外特性

（1）在空载实验后，把发电机负载电阻 R_2 调到最大值，合上负载开关 S2，R_{f1} 处于最小值位置。

（2）同时调节电动机磁场调节电阻 R_{f1}，发电机磁场调节电阻 R_{f2} 和负载电阻 R_2，使发电机的 $n = n_N$，$U = U_N$，$I = I_N$，该点为发电机的额定运行点，此时其励磁电流称为额定励磁电流 I_{f2N}，记录 n_N、I_{f2N}、U、I 于表 3-3 中。

（3）在保持 $n = n_N$ 和 $I_{f2} = I_{f2N}$ 不变的条件下，逐渐增加负载电阻，即减少发电机负载电流。在额定负载到空载运行点范围内，每次测取发电机的电压 U 和电流 I，直到空载（断开开关 S2），共取 6～7 组数据，填入表 3-3 中。额定和空载两点必测。

表 3-3　　　　　　　　　　他励直流发电机外特性实验数据

保持不变条件		$n = n_N =$ _____ r/min, $I_{f2} = I_{f2N} =$ _____ A						
$U(V)$								
$I(A)$								

3. 调整特性

（1）断开发电机负载开关 S2，调节发电机磁场电阻 R_{f2}，使发电机空载电压达额定值。

（2）调节负载电阻 R_2 至最大，在保持发电机 $n=n_N$ 的条件下，合上负载开关 S2，调小负载电阻 R_2，逐次增加发电机输出电流 I，同时相应调节 R_{f2}，使发电机端电压保持额定值 $U=U_N$。从发电机的空载（$I=0$）至额定负载（$I=I_N$）范围内每次测取发电机的输出电流 I 和励磁电流 I_{f2}，共取 6～7 组数据填入表 3-4 中。$I=0$、$I=I_N$ 为必测数据点。

表 3-4　　　　　　　　　　　　他励直流发电机调整特性实验数据

保持不变条件		$n=n_N=$_____ r/min, $U=U_N=$_____ V								
序号	1	2	3	4	5	6	7	8	9
I(A)									
I_{f2}(A)									

（二）直流并励发电机

1. 观察自励过程

（1）断开电路电源，并按图 3-4 接线。

（2）断开 S1、S2，R_{f2} 调至最大值。按前述方法［测直流他励发电机的空载特性步骤（2）］起动电动机，调节电动机转速，使发电机的转速 $n=n_N$，用直流电压表测量发电机输出电压，判断是否有剩磁电压。若无剩磁电压，可将并励绕组改接他励进行充磁；若有剩磁，进入下一步。

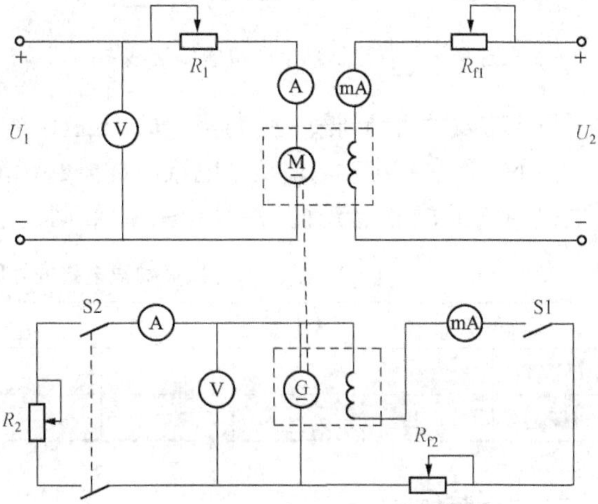

（3）合上开关 S1，逐渐减少 R_{f2}，观察电动机电枢两端电压。若电压逐渐上升，说明满足自励条件；如果不能自励建压，将励磁回路的两个端头对调连接即可。

图 3-4　直流并励发电机实验接线图

2. 外特性

（1）在并励发电机电压建立后，调节负载电阻 R_2 到最大值，合上负载开关 S2，然后，同时调节电动机的磁场调节电阻 R_{f1}、发电机的磁场调节电阻 R_{f2} 和负载电阻 R_2，使发电机 $n=n_N$、$U=U_N$、$I=I_N$。此时发电机的励磁电流 $I_{f2}=I_{f2N}$，记下此时的 n_N、I_{f2N}、U、I 于表 3-5 中。

（2）保证此时 R_{f2} 的值和 $n=n_N$ 不变的条件下，通过增大 R_2 逐步减小负载，直至 $I=0$（打开 S2）。从额定负载到空载运行点范围内，每次测取发电机的电压 U 和电流 I，共取 6～7 组数据，填入表 3-5 中。额定和空载为必测点。

表 3-5　　　　　　　　　　　　直流并励发电机外特性实验数据

保持不变条件		$n=n_N=$_____ r/min, $I_{f2}=I_{f2N}=$_____ A				
U(V)						
I(A)						

（三）复励发电机

1. 积复励和差复励的判别

直流复励发电机实验接线如图 3-5 所示。

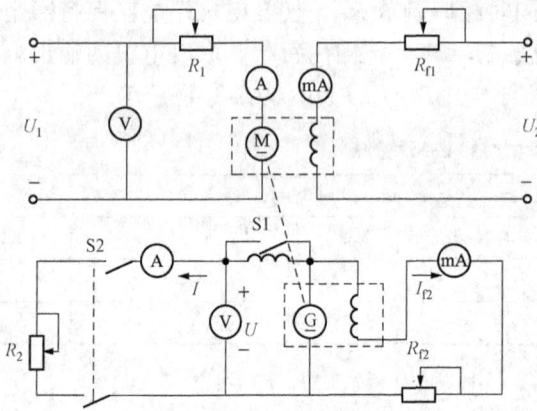

图 3-5　直流复励发电机实验接线图

（1）按图 3-5 接线，先合上开关 S1，将串励绕组短接，使发电机处于并励状态运行，按上述并励发电机外特性试验方法，调节发电机在 $I_{f2}=I_{f2N}$、$n=n_N$、$U=U_N$ 条件下，使输出电流 $I=0.5I_N$。

（2）打开短路开关 S1，在保持发电机 $n=n_N$，R_{f2} 和 R_2 不变的条件下，观察发电机端电压的变化。若此电压升高即为积复励，若此电压降低则为差复励。如要把差复励改为积复励，对调串励绕组接线即可。

2. 积复励发电机的外特性

实验方法与测取并励发电机的外特性相同。先将发电机调到额定运行点，$n=n_N$、$U=U_N$、$I=I_N$，在保持此时的 R_{f2} 和 $n=n_N$ 不变的条件下，逐次减小发电机负载电流，直至 $I=0$。从额定负载到空载运行点范围内，每次测取发电机的电压 U 和电流 I。共取 6～7 组数据，记录于表 3-6 中。额定和空载两点必测。

表 3-6　　　　　　　　　　　　积复励发电机的外特性实验数据

保持不变条件		$n=n_N=$＿＿＿r/min，$R_{f2}=$常数						
$U(V)$								
$I(A)$								

六、实验报告

（1）根据空载实验数据，作出空载特性曲线，由空载特性曲线计算出被试电机的饱和系数和剩磁电压的百分数。

（2）在同一张坐标上绘出他励、并励和复励发电机的三条外特性曲线，分别算出三种励磁方式的电压变化率，并分析差异的原因。电压变化率的计算式为

$$\Delta U = \frac{U_0 - U_N}{U_N} \times 100\%$$

（3）绘出他励发电机调整特性曲线。分析在发电机转速不变的条件下，当负载增加时，要保持端电压不变，必须增加励磁电流的原因。

七、思考题

（1）并励发电机不能建立电压有哪些原因？

（2）在发电机—电动机组成的机组中，当发电机负载增加时，为什么机组的转速会变低？为了保持发电机的转速 $n=n_N$，应如何调节？

实验三　直流并励电动机

一、实验目的
(1) 掌握用实验方法测取直流并励电动机的工作特性和机械特性。
(2) 掌握直流并励电动机的调速方法。

二、预习要点
(1) 什么是直流电动机的工作特性和机械特性?
(2) 直流电动机的调速原理是什么?

三、实验项目
1. 工作特性和机械特性

保持 $U=U_N$ 和 $I_f=I_{fN}$ 不变，测取 n、T_2、I_a，得到 $n=f(I_a)$ 及 $n=f(T_2)$。

2. 调速特性

(1) 改变电枢电压调速。保持 $U=U_N$、$I_f=I_{fN}$、$T_2=$常数，测取 $n=f(U_a)$。
(2) 改变励磁电流调速。保持 $U=U_N$、$T_2=$常数、$R_1=0$，测取 $n=f(I_f)$。
(3) 观察能耗制动过程。

四、实验设备及仪器
(1) 涡流测功机　　　　　　　　　1台
(2) 转速表　　　　　　　　　　　1块
(3) 可调直流稳压电源　　　　　　1台
(4) 直流电压表　　　　　　　　　1块
(5) 毫安表　　　　　　　　　　　1块
(6) 安培表　　　　　　　　　　　1块
(7) 直流并励电动机　　　　　　　1台
(8) 可调电阻器　　　　　　　　　3台
或电机系统教学实验台　　　　　　1套

五、实验方法
(一) 直流并励电动机的工作特性和机械特性

直流并励电动机实验接线如图3-6所示。观察电动机铭牌，记录 U_N 值于表3-7、表3-9、表3-10中。

(1) 将 R_1 调至最大，R_f 调至最小，选择合适的电压表、毫安表、安培表的量程。检查涡流测功机与电动机是否相连，按实验一的方法起动直流电源，使电机旋转，并调整电机的旋转方向，使电机正转。

(2) 直流电机正向转动后，将电枢串联电阻 R_1 调至零，调节直流可调稳压电源的输出至电机额定电压，再分别调节磁场调节电阻 R_f 和

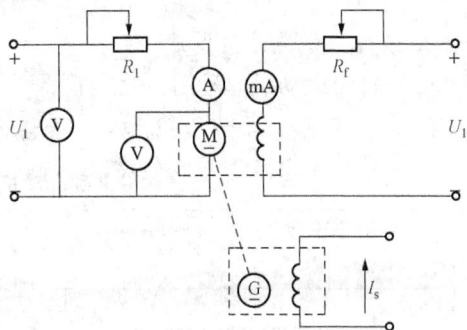

图3-6　直流并励电动机实验接线图

测功机转矩 T_2 的大小，使电动机达到额定值，即 $U=U_N$、$I_a=I_N$、$n=n_N$。此时直流电动机的励磁电流 $I_f=I_{fN}$（额定励磁电流），把 I_{fN} 数据记于表 3-7、表 3-8、表 3-10 中，I_a、n、T_2 记于表 3-7 中。

（3）保持 $U=U_N$、$I_f=I_{fN}$ 不变的条件下，调小测功机转矩，逐次减小电动机的负载，测取电动机电枢电流 I_a、转速 n 和转矩 T_2，直至 T_2 达最小值，共取数据 7~8 组填入表 3-7 中。

表 3-7 并励电动机的工作特性和机械特性数据

保持不变条件		$U=U_N=$____V, $I_{fN}=$____A							
实验数据	I_a(A)								
	n (r/min)								
	T_2(N·m)								
计算数据	P_2(W)								
	P_1(W)								
	η(%)								
	Δn(%)								

（二）调速特性

1. 改变电枢端电压的调速

（1）按上述方法起动直流电动机后，将电阻 R_1 调至零，调节电枢电压到 U_N，然后同时调节负载转矩和磁场调节电阻 R_f 的大小，使电动机的 $I_a=0.5I_N$、$I_f=I_{fN}$，记录此时的 T_2 于表 3-8 中。

（2）逐次增加 R_1 的阻值，即降低电枢两端的电压 U_a，R_1 从零调至最大值，同时保持 T_2 不变、$I_f=I_{fN}$ 不变，每次测取电动机的 U_a、n 和 I_a，共取 7~8 组数据填入表 3-8 中。注意：T_2 变化时则要手动调节，使其恢复原值。

表 3-8 并励电动机的降压调速实验数据

保持不变条件	$I_f=I_{fN}=$____A, $T_2=$____N·m							
U_a(V)								
n (r/min)								
I_a(A)								

2. 改变励磁电流的调速

（1）直流电动机起动后，将电枢调节电阻 R_1 和磁场调节电阻 R_f 调至零，调节可调直流电源的输出到 U_N，调节负载转矩，使电动机的 $I_a=0.5I_N$，记录此时的 T_2 值于表 3-9 中。

表 3-9 并励电动机的弱磁调速实验数据

保持不变条件	$U=U_N=$____V, $T_2=$____N·m							
n (r/min)								
I_f(A)								
I_a(A)								

（2）保持 T_2 和 $U=U_N$ 不变，逐次增加磁场电阻 R_f 的阻值，使转数上升直至 $n=1.3n_N$，每次测取电动机的 n、I_f 和 I_a，共取 7～8 组数据记入表 3-9 中。注意：若 T_2 变化了，要调节转矩旋钮，使其恢复原值。

3. 能耗制动

直流并励电动机能耗制动实验接线如图 3-7 所示。

（1）将开关 S1 合向"1"端，S2 闭合，R_1 调至最大，R_f 调至最小，接通电源，起动直流电动机。

（2）调节 $U_1=U_N$、$I_f=I_{fN}$，电机正常运行后，S2 断开，电动机处于自由停车，记录停转时间。共做 3 次，数据记入表 3-10 中自由停车栏下。

（3）重复起动电动机，待运转正常后，把 S1 合向"2"端，记录停机时间。共做 3 次，数据记入表 3-10 中能耗制动下。

（4）选择不同 R_L 阻值，观察对制动时间的影响。

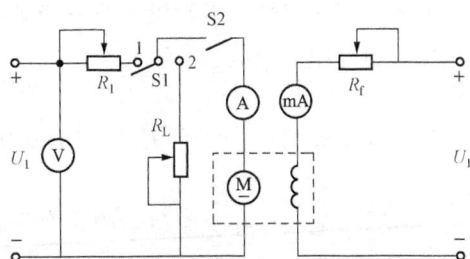

图 3-7 直流并励电动机能耗
制动实验接线图

表 3-10　　　　　　　　　直流并励电动机的能耗制动实验数据

保持不变条件				$U=U_N=$_____V, $I_f=I_{fN}=$_____A			
类别	自由停车			能耗制动			
次数	1	2	3	平均	1	2	3	平均
时间(s)								

六、实验报告

（1）由表 3-7 计算出 P_2 和 η，并绘出 n、T_2、$\eta=f(I_a)$ 及 $n=f(T_2)$ 特性曲线。电动机输出功率为

$$P_2 = 0.105nT_2$$

式中　T_2——输出转矩，N·m；

n——转速，r/min。

电动机输入功率为

$$P_1=UI$$

电动机输入电流为

$$I=I_a+I_{fN}$$

电动机效率为

$$\eta=\frac{P_2}{P_1}\times100\%$$

由工作特性求出转速变化率为

$$\Delta n=\frac{n_0-n_N}{n_N}\times100\%$$

（2）绘出并励电动机调速特性曲线 $n=f(U_a)$ 和 $n=f(I_f)$。分析在恒转矩负载时，两种

调速的电枢电流变化规律以及两种调速方法的优缺点。

（3）能耗制动时间与制动电阻 R_L 的阻值有什么关系？为什么？该制动方法有什么缺点？

七、思考题

（1）并励电动机的速率特性 $n = f(I_a)$ 为什么是略微下降？是否会出现上翘现象？为什么？上翘的速率特性对电动机运行有何影响？

（2）当电动机的负载转矩和励磁电流不变时，减小电枢端电压，为什么会引起电动机转速降低？

（3）当电动机的负载转矩和电枢端电压不变时，减小励磁电流会引起转速升高，为什么？

（4）并励电动机在负载运行中，当励磁回路断线时是否一定会出现"飞车"？为什么？

实验四　单 相 变 压 器

一、实验目的
(1) 通过变压器的空载和短路实验测取变压器的变比及相关参数。
(2) 通过变压器的负载实验测取变压器的运行特性。

二、预习要点
(1) 变压器的空载和短路实验有什么特点？
(2) 在空载和短路实验中，各种仪表应怎样连接才能使测量误差最小？
(3) 如何用实验方法测定变压器的铁耗和铜耗？

三、实验项目
(1) 空载实验，测取空载特性 $U_0 = f(I_0), P_0 = f(U_0)$。
(2) 短路实验，测取短路特性 $U_K = f(I_K), P_K = f(I_K)$。
(3) 负载实验：
1) 纯电阻负载，保持 $U_1 = U_{1N}$，$\cos\varphi_2 = 1$ 的条件下，测取 $U_2 = f(I_2)$。
2) 阻感性负载，保持 $U_1 = U_{1N}$，$\cos\varphi_2 = 0.8$ 的条件下，测取 $U_2 = f(I_2)$。

四、实验设备及仪器
(1) 交流调压电源　　　　　　　　　　　1台
(2) 交流电压表　　　　　　　　　　　　1块
(3) 交流电流表　　　　　　　　　　　　1块
(4) 功率表　　　　　　　　　　　　　　1块
(5) 单相变压器　　　　　　　　　　　　1台
(6) 可调电阻器　　　　　　　　　　　　1台
(7) 可调电抗器　　　　　　　　　　　　1台
或电机系统教学实验台　　　　　　　　　1套

五、实验说明
(1) 中小型电力变压器的空载电流 $I_0 = (3\sim10)\%I_N$，短路电压 $U_K = (5\sim10)\%U_N$，以此选择电流表、功率表量程。

(2) 实验中，由变压器一、二次侧测取的数据计算出的变压器参数，需要折算到同一侧，并在等效电路旁注明是折算到哪一侧的电路。

(3) 实验操作要抓紧时间，尽量快做，否则绕组发热会引起电阻变化。

(4) 本实验中的可变电抗 X_V 由自耦变压器 AX 和电抗器 ax 组成，如图 3-10 所示。自耦变压器中间出线端子 M 在 AX 间绕组上滑动接触，用短线与电抗器 a 端连接，X 与 x 连接。电抗器 ax 的工频电抗为 X_L。AX 间绕组匝数为 N，MX 间绕组匝数为 N_1，忽略自耦变压器的励磁阻抗，由变压器的阻抗变换性质可知，$X_V = \dfrac{N^2}{N_1^2}X_L$。当 AX 端子电压 U 不变时，

X_V 吸收的感性无功为 $Q_L = \dfrac{U^2}{X_V} = \dfrac{U^2 N_1^2}{N^2 X_L}$，即与 N_1 成正比，N_1 越大，Q_L 越大，反之亦然。

六、实验方法

（一）空载实验

空载实验接线如图 3-8 所示，T 为单相变压器。空载实验时，变压器低压绕组 2U1、2U2 接电源，高压绕组 1U1、1U2 开路。

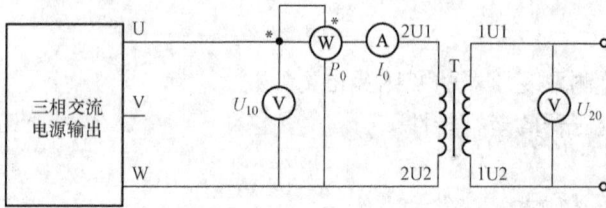

图 3-8　空载实验接线图

（1）在交流电源断电的条件下，将调压器调节到最小输出位置，并合理选择各仪表量程。

（2）合上交流电源开关，增大调压器输出电压，使变压器空载电压 $U_{10}=1.2U_N$。

（3）然后，逐次降低电源电压，在 $(1.2\sim0.5)U_N$ 的范围内，测取变压器的 U_{10}、I_0、P_0、U_{20}，共取 7～8 组数据，记录于表 3-11 中。$U_{10}=U_N$ 是必测点，并在该点附近测的电压间隔应稍小一些。为了计算变压器的变比，在 U_N 以下测取低压侧电压 U_{10} 的同时测取高压侧电压 U_{20}，填入表 3-11 中。

（4）测量数据以后，断开电源，为下次实验做好准备。

表 3-11　　　　　　　　　　　单相变压器空载实验数据

序　号	实　验　数　据				计算数据
	$U_{10}(V)$	$I_0(A)$	$P_0(W)$	U_{20}	$\cos\varphi_2$
1					
2					
3					
4					
5					
6					
7					
8					

（二）短路实验

短路实验接线如图 3-9 所示（每次改接线路时，都要先关断电源，调压器调到输出最小位置）。

实验时，变压器 T 的高压绕组接电源，低压绕组直接短路。

合理选择交流电流表、电压表、功率表的量程。

（1）断开三相交流电源，将调压器调节到最小，即输出电压为零。

（2）接通交流电源，逐渐增加输出电压，直到短路电流等于 $1.2I_N$ 为止。在 $(0.3\sim1.2)I_N$ 范围内测

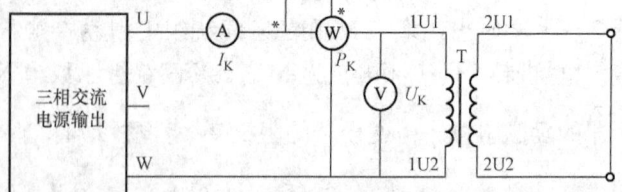

图 3-9　短路实验接线图

取变压器的 U_K、I_K、P_K，共取 5～6 组数据记录于表 3-12 中，并记录实验时的周围环境温度（℃）。$I_K = I_N$ 是必测点。

表 3-12　　　　　　　　　　　　单相变压器短路实验数据

环 境 温 度		$\theta = \_\_\_\_$ ℃		
序 号	实 验 数 据			计算数据
	$U_K(V)$	$I_K(A)$	$P_K(W)$	$\cos\varphi_K$
1				
2				
3				
4				
5				
6				

（三）负载实验

负载实验接线如图 3-10 所示。

变压器 T 低压绕组接电源，高压绕组经过开关 S2 和 S3，接到负载电阻 R_L 和电抗 X_L 上。开关 S2、S3 为双刀双掷开关。合理选择交流电压表、电流表、功率表的量程。

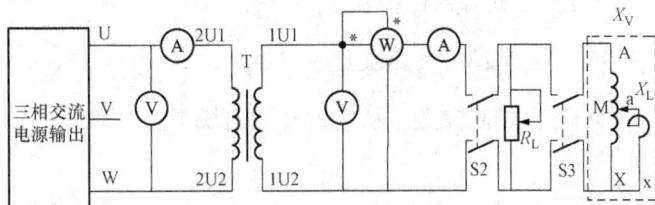

图 3-10　负载实验接线图

1. 纯电阻负载

（1）断开三相交流电源，将调压器调节到最小输出位置，S2、S3 断开，负载电阻调到最大。

（2）合上交流电源，逐渐升高电源电压，使变压器输入电压 $U_1 = U_N$，记录于表 3-13 中。

（3）在保持 $U_1 = U_N$ 的条件下，合下开关 S2，逐渐减小负载电阻 R_L，增加负载电流，从空载到额定负载范围内，测取变压器的输出电压 U_2 和电流 I_2。

（4）测取数据时，$I_2 = 0$ 和 $I_2 = I_N$ 是必测点，共取数据 6～7 组，记录于表 3-13 中。

表 3-13　　　　　　　　　　　　单相变压器纯电阻负载实验数据

保持不变条件			$\cos\varphi = 1$，$U_1 = U_N = \_\_\_\_$ V				
序 号	1	2	3	4	5	6	7
$U_2(V)$							
$I_2(A)$							

2. 阻感性负载（$\cos\varphi = 0.8$）

（1）用电抗器 X_L 和 R_L 并联作为变压器的负载，S2、S3 打开，电阻及电抗器调至最大。

（2）合上交流电源，调节电源输出使 $U_1 = U_N$。

（3）合上 S2、S3，在保持 $U_1 = U_N$ 及 $\cos\varphi = 0.8$ 的条件下，逐渐增加负载，从空载到额定负载的范围内，测取变压器 U_2 和 I_2。

（4）测取数据时，$I_2 = 0$ 和 $I_2 = I_N$ 是必测点，共取数据 7~8 组，记录于表 3 - 14 中。

表 3 - 14　　　　　　　　　　单相变压器阻感性负载实验数据

保持不变条件			$\cos\varphi = 0.8$，$U_1 = U_N = $＿＿＿ V					
序　号	1	2	3	4	5	6	7	8
$U_2(\text{V})$								
$I_2(\text{A})$								

七、实验报告

1. 计算变比

由空载实验测取变压器的高、低压侧电压的三组数据，分别计算出变比，然后取其平均值作为变压器的变比 K，即

$$K = U_{1\text{U1.1U2}} / U_{2\text{U1.2U2}}$$

2. 绘出空载特性曲线和计算励磁参数

（1）绘出空载特性曲线 $U_0 = f(I_0)$、$P_0 = f(U_0)$、$\cos\varphi_0 = f(U_0)$。其中，$\cos\varphi_0 = \dfrac{P_0}{U_0 I_0}$。

（2）计算励磁参数。从空载特性曲线上查出对应于 $U_0 = U_N$ 时的 I_0 和 P_0 值，并算出励磁参数为

$$R_m = \frac{P_0}{I_0^2}$$

$$Z_m = \frac{U_0}{I_0}$$

$$X_m = \sqrt{Z_m^2 - R_m^2}$$

3. 绘出短路特性曲线和计算短路参数

（1）绘出短路特性曲线 $U_K = f(I_K)$、$P_K = f(I_K)$、$\cos\varphi_K = f(I_K)$。

（2）计算短路参数。从短路特性曲线上查出对应于短路电流 $I_K = I_N$ 时的 U_K 和 P_K 值，算出实验环境温度为 θ（℃）时的短路参数为

$$Z_K = \frac{U_K}{I_K}, R_K = \frac{U_K}{I_K}, X_K = \sqrt{Z_K^2 - R_K^2}$$

折算到低压方

$$Z_K' = \frac{Z_K}{K^2}$$

$$R_K' = \frac{R_K}{K^2}$$

$$X_K' = \frac{X_K}{K^2}$$

由于短路电阻 R_K 随温度而变化，因此，算出的短路电阻应按国家标准换算到基准工作温度 75℃ 时的阻值。其换算式为

$$R_{K75\text{℃}} = R_{K\theta} \frac{234.5 + 75}{234.5 + \theta}$$

$$Z_{K75\text{℃}} = \sqrt{R_{K75\text{℃}}^2 + X_K^2}$$

其中，234.5 为铜导线的常数，若用铝导线，常数应改为 228。

其他参数为

$$U_K = \frac{I_N Z_{K75\text{℃}}}{U_N} \times 100\%$$

$$U_{KR} = \frac{I_N R_{K75\text{℃}}}{U_N} \times 100\%$$

$$U_{KX} = \frac{I_N X_K}{U_N} \times 100\%$$

$$P_{KN} = I_N^2 R_{K75\text{℃}}$$

注意：I_N 用高压、低压哪一侧额定值，要与 X_K、R_K、Z_K 折算到哪一侧相一致。

4. 等效电路

利用空载和短路实验测定参数，画出被试变压器折算到低压侧时的"Γ"形等效电路。

5. 变压器的电压变化率 ΔU

（1）绘出 $\cos\varphi_2 = 1$ 和 $\cos\varphi_2 = 0.8$ 两条外特性曲线 $U_2 = f(I_2)$，由特性曲线计算出 $I_2 = I_N$ 时的电压变化率 ΔU 为

$$\Delta U = \frac{U_{20} - U_2}{U_{20}} \times 100\%$$

（2）根据实验求出的参数，算出 $I_2 = I_N$、$\cos\varphi_2 = 1$ 和 $I_2 = I_N$、$\cos\varphi_2 = 0.8$ 时的电压变化率 ΔU 为

$$\Delta U = U_{KR}\cos\varphi_2 + U_{KX}\sin\varphi_2$$

将两种计算结果进行比较，并分析不同性质的负载对输出电压的影响。

6. 绘出被试变压器的效率特性曲线

$$\eta = \left(1 - \frac{P_0 + I_2^{*2} P_{KN}}{I_2^* P_N \cos\varphi_2 + P_0 + I_2^{*2} P_{KN}}\right) \times 100\%$$

（1）用间接法算出 $\cos\varphi_2 = 0.8$、不同负载电流时的变压器效率，记录于表 3-15 中。

其中，$P_2 = I_2^* P_0 \cos\varphi_2$；$P_{KN}$ 为变压器 $I_K = I_N$ 时的短路损耗；P_0 为变压器 $U_0 = U_N$ 时的空载损耗。

（2）由计算数据绘出变压器的效率曲线 $\eta = f(I_2)$。

（3）计算被试变压器 $\eta = \eta_{max}$ 时的负载系数 $\beta_m = \sqrt{\dfrac{P_0}{P_{KN}}}$。

表 3-15　　变压器效率计算数据

实验条件及参数	$\cos\varphi_2 = 0.8$, $P_0 = $____ W, $P_{KN} = $____ W	
I_2^*（A）	P_2（W）	η
0.2		
0.4		
0.6		
0.8		
1.0		
1.2		

实验五　单相变压器的并联运行

一、实验目的
(1) 学习单相变压器投入并联运行的方法。
(2) 研究短路阻抗对变压器负载分配的影响。

二、预习要点
(1) 单相变压器并联运行的条件。
(2) 如何验证两台变压器具有相同的极性。
(3) 短路阻抗对变压器负载分配的影响。

三、实验项目
(1) 将两台单相变压器投入并联运行。
(2) 短路阻抗相等的两台单相变压器并联运行，研究其负载分配情况。
(3) 短路阻抗不相等的两台单相变压器并联运行，研究其负载分配情况。

四、实验设备及仪器
(1) 交流调压电源　　　　　　　　　1台
(2) 交流电压表　　　　　　　　　　1块
(3) 电流表　　　　　　　　　　　　3块
(4) 单相变压器　　　　　　　　　　2台
(5) 可调电阻器　　　　　　　　　　2台
或电机系统教学实验台　　　　　　　1套

五、实验方法
单相变压器并联运行接线如图 3-11 所示。图中，变压器 T I 和 T II 为两台单相变压器，变压器的高压绕组连接电源，低压绕组经开关 S1 并联后，再由开关 S3 接负载电阻 R_L，R_L 应调到最大值。为了人为地改变变压器 T II 的短路阻抗，在其二次侧串入电阻 R。

（一）两台单相变压器空载投入并联运行步骤

1. 检查变压器的变比和极性

(1) 接通电源前，将开关 S1、S3 打开，合上开关 S2。

(2) 接通电源后，调节变压器输入电压至额定值，测出两台变压器二次侧电压 $U_{2U1.2U2}$ 和 $U_{2V1.2V2}$，若 $U_{2U1.2U2} = U_{2V1.2V2}$，则两台变压器的变比相等，即 $K_I = K_{II}$。

(3) 测出两台变压器二次侧的 2U1 与 2V1 端点之间的电压 $U_{2U1.2V1}$，若 $U_{2U1.2V1} \approx |U_{2U1.2U2} - U_{2V1.2V2}|$，则首端 1U1 与 1V1 为同极性端，反之为异极性端。数据记于表 3-16 中。

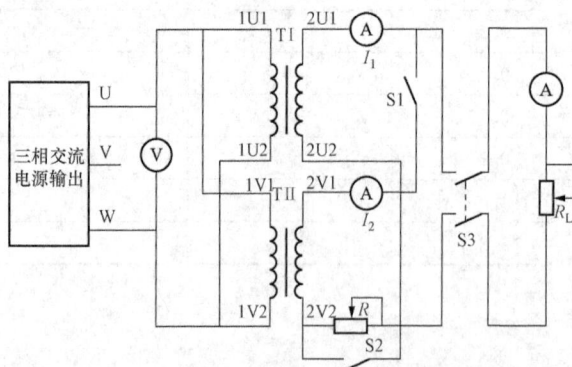

图 3-11　单相变压器并联运行接线图

表 3 - 16　　　　　　　　　　　　**变压器极性判断实验数据**

$U_{2U1.2V1}$(V)	$U_{2U1.2U2}$(V)	$U_{2V1.2V2}$(V)	计算 $|U_{2U1.2U2}-U_{2V1.2V2}|$

2. 投入并联

检查两台变压器的变比相等和极性相同后，合上开关 S1，即投入并联。若 K_I 与 K_{II} 不是严格相等，将会产生环流。

（二）短路阻抗相等的两台单相变压器并联运行

（1）投入并联后，合上负载开关 S3。

（2）在保持一次侧额定电压不变的情况下，通过减小 R_L，负载电流增大，直至其中一台变压器的输出电流达到额定电流为止，此过程中测取 I、I_I、I_{II}，共取 6~7 组数据记录于表 3 - 17 中。

表 3 - 17　　　　　　　　　　**短路阻抗相等的并联变压器实验数据**

保持不变条件		$U_1=U_{1N}=$_____ V	
序号	I_I(A)	I_{II}(A)	I(A)
1			
2			
3			
4			
5			
6			
7			

（三）短路阻抗不相等的两台单相变压器并联运行

打开短路开关 S2，变压器 TII 的二次侧串入电阻 R，R 数值可根据需要调节（取 1~2 倍的变压器的短路阻抗值），重复前面实验测出 I、I_I、I_{II}，共取 6~7 组数据，记录于表 3 - 18 中。

表 3 - 18　　　　　　　　　　**短路阻抗不相等的并联变压器实验数据**

保持不变条件		$U_1=U_{1N}=$_____ V	
序号	I_I(A)	I_{II}(A)	I(A)
1			
2			
3			
4			
5			
6			
7			

六、实验报告

（1）根据表 3 - 17 的数据，在同一图上画出负载分配曲线 $I_I=f(I)$ 及 $I_{II}=f(I)$。

（2）根据表 3 - 18 的数据，在同一图上画出负载分配曲线 $I_I=f(I)$ 及 $I_{II}=f(I)$。

（3）分析实验中短路阻抗对负载分配的影响。

实验六　三 相 变 压 器

一、实验目的

(1) 通过空载和短路实验，测定三相变压器的变比和参数。

(2) 通过负载实验，测取三相变压器的运行特性。

二、预习要点

(1) 如何用双功率表法测三相功率，空载和短路实验应如何合理布置仪表？

(2) 三相心式变压器的三相空载电流是否对称？为什么？

(3) 如何测定三相变压器的铁损耗和铜损耗？

(4) 变压器空载和短路实验应注意哪些问题？电源应加在哪一侧较合适？

三、实验项目

(1) 测定变比。

(2) 空载实验：测取空载特性 $I_0 = f(U_0)$，$P_0 = f(U_0)$，$\cos\varphi_0 = f(U_0)$。

(3) 短路实验：测取短路特性 $U_K = f(I_K)$，$P_K = f(I_K)$，$\cos\varphi_K = f(I_K)$。

(4) 纯电阻负载实验：保持 $U_1=U_N$，$\cos\varphi_2=1$ 的条件下，测取 $U_2 = f(I_2)$。

四、实验设备及仪器

(1) 三相交流调压电源	1台
(2) 功率表	2块
(3) 三相心式变压器	1台
(4) 三相可调电阻器	1台
(5) 三相可调电抗器	1台
(6) 交流电压表	3块
(7) 交流电流表	3块
或电机系统教学实验台	1套

五、实验说明

(1) 在三相变压器实验中，应注意电压表、电流表和功率表的合理布置。做短路实验时操作要快，否则绕组发热会引起电阻变化。

(2) 察看变压器的额定电压、额定电流、变比。中小型电力变压器的空载电流 $I_0 = (3\% \sim 10\%)I_N$，短路电压 $U_K = (5\% \sim 10\%)U_N$，以此选择电流表、功率表量程。

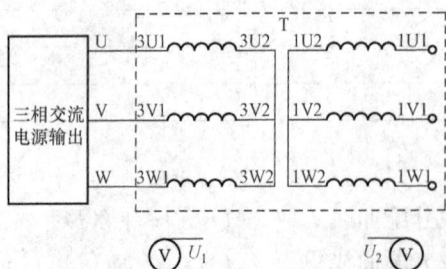

图 3-12　三相变压器变比实验接线图

六、实验方法

（一）测定变比

三相变压器变化实验接线如图 3-12 所示，被试变压器选用三相心式变压器。

(1) 在三相交流电源断电的条件下，将调压器旋钮调至最小电压指示位置，并合理选择各仪表量程。

(2) 接通电源，调节电压，使变压器空载电

压 $U_0=0.5U_N$，测取高、低压绕组的线电压 $U_{1U1.1V1}$、$U_{1V1.1W1}$、$U_{1W1.1U1}$、$U_{3U1.3V1}$、$U_{3V1.3W1}$、$U_{3W1.3U1}$，记录于表 3-19 中。

表 3-19   三相变压器变比测量实验数据

U(V)		计算	U(V)		计算	U(V)		计算
$U_{1U1.1V1}$	$U_{3U1.3V1}$	K_{UV}	$U_{1V1.1W1}$	$U_{3V1.3W1}$	K_{VW}	$U_{1W1.1U1}$	$U_{3W1.3U1}$	K_{WU}

$$K_{UV} = U_{1U1.1V1}/U_{3U1.3V1}$$
$$K_{VW} = U_{1V1.1W1}/U_{3V1.3W1}$$
$$K_{WU} = U_{1W1.1U1}/U_{3W1.3U1}$$

（二）空载实验

三相变压器空载实验接线如图 3-13 所示，仍选用三相心式变压器。实验时，变压器低压绕组接电源，高压绕组开路。

（1）接通电源前，先将电源输出调到最小电压位置。合上交流电源开关，调节电压，使变压器空载电压升高到 $U_0=1.2U_N$。

（2）然后，逐次降低电源电压，在 $(1.2\sim0.5)U_N$ 的范围内测取变压器的三相线电压、电流和功率，

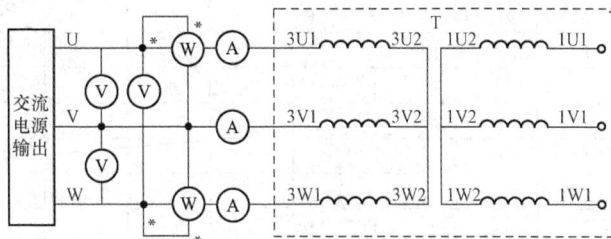

图 3-13　三相变压器空载实验接线图

共取 6 组数据，记录于表 3-20 中。其中 $U=U_N$ 是必测点，并在该点附近测的电压间隔应小一些。

（3）测量数据以后，断开三相电源，电源电压调至最小，以便为下次实验做好准备。

表 3-20   三相变压器空载实验数据

序　号	实　验　数　据								计　算　数　据			
	U_0(V)			I_0(A)			P_0(W)		U_0 (V)	I_0 (A)	P_0 (W)	$\cos\varphi_0$
	$U_{3U1.3V1}$	$U_{3V1.3W1}$	$U_{3W1.3U1}$	I_{3U10}	I_{3V10}	I_{3W10}	P_{01}	P_{02}				
1												
2												
3												
4												
5												
6												

（三）短路实验

三相变压器短路实验接线如图 3-14 所示，变压器高压绕组接电源，低压绕组直接短路。

接通电源前，先将调压器调到最小值位置，接通电源后，逐渐增大电源电压，使变压器

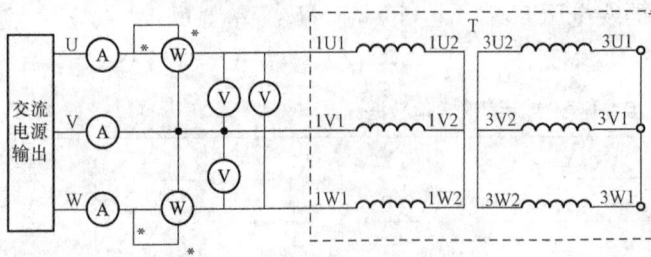

图 3-14　三相变压器短路实验接线图

的短路电流 $I_K = 1.2I_N$。然后逐次降低电源电压，在（1.2～0.5）I_N 的范围内，测取变压器的三相输入电压、电流及功率，共取 5～6 组数据，记录于表 3-21 中，其中 $I_K = I_N$ 点必测。实验时，记下周围环境温度（℃），作为绕组的实际温度。

表 3-21　　　　　　　　　三相变压器短路实验数据

环 境 温 度							$\theta=$ ___ ℃			
序 号	实 验 数 据						计 算 数 据			
	U_K(V)			I_K(A)			P_K(W)		U_K (V)	I_K (A)	P_K (W)	φ
	$U_{1U1.1V1}$	$U_{1V1.1U1}$	$U_{1W1.1U1}$	I_{1U1}	I_{1V1}	I_{1W1}	P_{K1}	P_{K2}				
1												
2												
3												
4												
5												
6												

（四）纯电阻负载实验

三相变压器负载实验接线如图 3-15 所示，变压器低压绕组接电源，高压绕组经开关 S 接负载电阻 R_L。

（1）将负载电阻 R_L 调至最大，合上开关 S2 接通电源，调节交流电压，使变压器的输入电压 $U_1 = U_N$。

（2）在保持 $U_1 = U_N$ 的条件下，逐次增加负载电流，从空载到额定负载范围内，测取变压器三相输出线电压和相电流，共取 5～6 组数据，记录于表 3-22 中，其中 $I_2 = 0$ 和 $I_2 = I_N$ 两点必测。

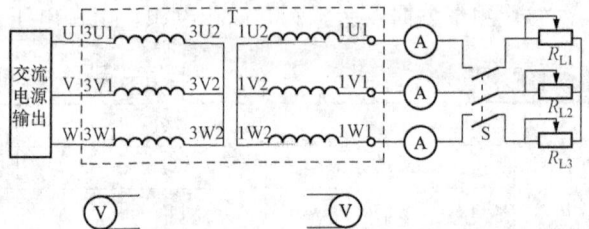

图 3-15　三相变压器负载实验接线图

表 3-22　　　　　　　　　三相变压器纯电阻负载实验数据

序号	U(V)				I(A)			
	$U_{1U1.1V1}$	$U_{1V1.1W1}$	$U_{1W1.1U1}$	U_2	I_{1U1}	I_{1V1}	I_{1W1}	I_2
1								
2								
3								
4								
5								
6								

七、实验报告

1. 计算变压器的变比

根据实验数据，计算出各项的变比，然后取其平均值作为变压器的变比。则

$$K_{UV} = \frac{U_{1U1.1V1}}{U_{3U1.3V1}}, K_{VW} = \frac{U_{1V1.1W1}}{U_{3V1.3W1}}, K_{WU} = \frac{U_{1W1.1U1}}{U_{3W1.3U1}}$$

2. 根据空载实验数据作空载特性曲线并计算励磁参数

（1）绘出空载特性曲线 $U_0 = f(I_0)$，$P_0 = f(U_0)$，$\cos\varphi_0 = f(U_0)$。

其中
$$U_0 = (U_{3U1.3V1} + U_{3V1.3W1} + U_{3W1.3U1})/3$$
$$I_0 = (I_{3U10} + I_{3V10} + I_{3W10})/3$$
$$P_0 = P_{01} + P_{02}$$
$$\cos\varphi_0 = \frac{P_0}{\sqrt{3}U_0 I_0}$$

（2）计算励磁参数。从空载特性曲线查出对应于 $U_0 = U_N$ 时的 I_0 和 P_0 值，则励磁参数为

$$R_m = \frac{P_0}{3I_0^2}, Z_m = \frac{U_0}{\sqrt{3}I_0}, X_m = \sqrt{Z_m^2 - R_m^2}$$

3. 绘出短路特性曲线和计算短路参数

（1）绘出短路特性曲线 $U_K = f(I_K)$，$P_K = f(I_K)$，$\cos\varphi_K = f(I_K)$。

其中
$$U_K = (U_{1U1.1V1} + U_{1V1.1W1} + U_{1W1.1U1})/3$$
$$I_K = (I_{1U1} + I_{1V1} + I_{1W1})/3$$
$$P_K = P_{K1} + P_{K2}$$
$$\cos\varphi_K = \frac{P_K}{\sqrt{3}U_K I_K}$$

（2）计算短路参数。从短路特性曲线查出对应于 $I_K = I_N$ 时的 U_K 和 P_K 值，算出实验环境温度 θ℃时的短路参数为

$$R_K = \frac{P_K}{3I_N^2}, Z_K = \frac{U_K}{\sqrt{3}I_N}, X_K = \sqrt{Z_K^2 - R_K^2}$$

折算到低压侧

$$Z_K' = \frac{Z_K}{K^2}, R_K' = \frac{R_K}{K^2}, X_K' = \frac{X_K}{K^2}$$

换算到基准工作温度的短路参数为 $R_{K75℃}$ 和 $Z_{K75℃}$，计算出阻抗电压为

$$U_K = \frac{\sqrt{3}I_N Z_{K75℃}}{U_N} \times 100\%$$
$$U_{KR} = \frac{\sqrt{3}I_N R_{K75℃}}{U_N} \times 100\%$$
$$U_{KX} = \frac{\sqrt{3}I_N X_K}{U_N} \times 100\%$$
$$P_{KN} = 3I_N^2 R_{K75℃}$$

4. 画等效电路

利用由空载和短路实验测定的参数，画出被试变压器的"Γ"形等效电路。

5. 变压器的电压变化率 ΔU

（1）根据实验数据绘出 $\cos\varphi_2 = 1$ 时的特性曲线 $U_2 = f(I_2)$，由特性曲线计算出 $I_2 = I_{2N}$ 时的电压变化率 ΔU。则

$$\Delta U = \frac{U_{20} - U_2}{U_{20}} \times 100\%$$

（2）根据实验求出的参数，算出 $I_2 = I_N$，$\cos\varphi_2 = 1$ 时的电压变化率 ΔU，即

$$\Delta U = \beta(U_{KR}\cos\varphi_2 + U_{KX}\sin\varphi_2)$$

6. 绘出被试变压器的效率特性曲线

用间接法算出在 $\cos\varphi_2 = 0.8$ 时，不同负载电流时的变压器效率，记录于表 3-23 中。

表 3-23　　　　　　　　　　　三相变压器效率计算数据

条件及参数	$\cos\varphi_2 = 0.8$, $P_0 = $＿＿＿ W, $P_{KN} = $＿＿＿ W	
I_2^*	P_2(W)	η
0.2		
0.4		
0.6		
0.8		
1.0		
1.2		

其中

$$\eta = \left(1 - \frac{P_0 + I_2^{*2}P_{KN}}{I_2^* P_N \cos\varphi_2 + P_0 + I_2^{*2}P_{KN}}\right) \times 100\%$$

$$P_2 = I_2^{*2}P_{KN}\cos\varphi_2$$

式中，P_N 为变压器的额定容量；P_{KN} 为变压器 $I_K = I_N$ 时的短路损耗；P_0 为变压器的 $U_0 = U_N$ 时的空载损耗。

7. 计算实验用变压器的负载系数

$\eta = \eta_{\max}$ 时

$$\beta_m = \sqrt{\frac{P_0}{P_{KN}}}$$

实验七 三相变压器的连接组和不对称短路

一、实验目的

(1) 掌握用实验方法测定三相变压器的极性。

(2) 掌握用实验方法判别变压器的连接组。

(3) 研究三相变压器不对称短路。

二、预习要点

(1) 连接组的定义。为什么要研究连接组？国家规定的标准连接组有哪几种？

(2) 如何把 Yy0 连接组改成 Yy6 连接组，以及把 Yd11 改为 Yd5 连接组？

(3) 在不对称短路情况下，哪种连接的三相变压器电压中点偏移较大？

三、实验项目

(1) 测量绕组极性。包括：

1) 测量相间极性；

2) 测量一、二次侧极性。

(2) 连接并判定以下连接组：

1) Yy0；

2) Yy6；

3) Yd11；

4) Yd5。

(3) 不对称短路实验：

1) Yyn0 单相短路；

2) Yy0 两相短路。

(4) 测定 Yyn 连接的变压器的零序阻抗。

四、实验设备及仪器

(1) 交流调压电源	1 台
(2) 功率表	1 块
(3) 三相组式变压器	1 台
(4) 三相心式变压器	1 台
(5) 交流电压表	2 块
(6) 交流电流表	2 块
或电机教学实验台	1 套

五、实验方法

（一）测量绕组极性

1. 测定绕组相间极性

被试变压器选用三相心式变压器，高压绕组接线端用 1U1、1V1、1W1、1U2、1V2、1W2、标记，低压绕组接线端用 3U1、3V1、3W1、3U2、3V2、3W2 标记。

(1) 按照图 3-16(a) 接线，将 1U1、1U2 和电源 U、V 相连，1V2、1W2 两端点用导

线连接。

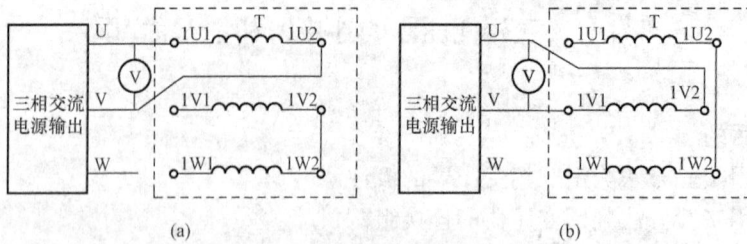

图 3-16 测定相间极性接线图

(a) 测定 1V、1W 相间极性接线；(b) 测定 1U、1W 相间极性接线

(2) 调压器调至最小指示位置，接通电源，调节升高电压，在 U、V 间施加约 $U_1=50\%U_N$ 的电压，记入表 3-24 中。

(3) 另用一块电压表逐一测出电压 $U_{1V1.1V2}$、$U_{1W1.1W2}$、$U_{1V1.1W1}$，记入表 3-24 中。若 $U_{1V1.1W1}=|U_{1V1.1V2}-U_{1W1.1W2}|$，则首末端标记正确；若 $U_{1V1.1W1}=|U_{1V1.1V2}+U_{1W1.1W2}|$，则表示首端与同名端不在一处，须将 V、W 两相任一相绕组的首末端标记对调。

(4) 同理，按照图 3-16（b）接线，测 $U_{1U1.1U2}$、$U_{1W1.1W2}$、$U_{1U1.1W1}$，标记出 U、W 相同名端。

表 3-24　　　　　　　　　　　　变压器相间极性测量实验数据

保持不变条件		$U_1=0.5U_N=$＿＿＿＿ V	
$U_{1V1.1W1}$ (V)	$U_{1V1.1V2}$ (V)	$U_{1W1.1W2}$ (V)	计算 $|U_{1V1.1V2}-U_{1W1.1W2}|$
$U_{1U1.1W1}$ (V)	$U_{1U1.1U2}$ (V)	$U_{1W1.1W2}$ (V)	计算 $|U_{1U1.1U2}-U_{1W1.1W2}|$

2. 测定一、二次侧绕组极性

(1) 暂时标出三相低压绕组的标记 3U1、3V1、3W1、3U2、3V2、3W2，然后按照图 3-17 接线。一、二次侧短接中点用导线相连。

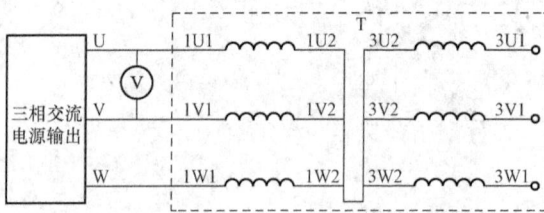

图 3-17　测定一、二次侧极性接线图

(2) 高压三相绕组施加约 $U_1=50\%U_N$ 的电压，填入表 3-25 中。用另一块电压表逐一测出电压 $U_{1U1.1U2}$、$U_{1V1.1V2}$、$U_{1W1.1W2}$、$U_{3U1.3U2}$、$U_{3V1.3V2}$、$U_{3W1.3W2}$、$U_{1U1.3U1}$、$U_{1V1.3V1}$、$U_{1W1.3W1}$，记入表 3-25 中。若 $U_{1U1.3U1}=|U_{1U1.1U2}-U_{3U1.3U2}|$，则 U 相高、低压绕组同柱，并且首端 1U1 与 3U1 点为同极性；若 $U_{1U1.3U1}=U_{1U1.1U2}+U_{3U1.3U2}$，则 U 相高、低压绕组同柱，且 1U1 与 3U1 端点为异极性。

用同样的方法判别出 1V1、1W1 两相一、二次侧的极性。高低压三相绕组的极性确定后，根据要求就可以连接出不同的连接组。

表 3 - 25   **三相变压器一、二次侧极性测量实验数据**

保持不变条件		$U_1=0.5U_N=$ _____ V	
$U_{1U1.3U1}$ (V)	$U_{1U1.1U2}$ (V)	$U_{3U1.3U2}$ (V)	计算 $|U_{1U1.1U2}-U_{3U1.3U2}|$
$U_{1V1.3V1}$ (V)	$U_{1V1.1V2}$ (V)	$U_{3V1.3V2}$ (V)	计算 $|U_{1V1.1V2}-U_{3V1.3V2}|$
$U_{1W1.3W1}$ (V)	$U_{1W1.1W2}$ (V)	$U_{3W1.3W2}$ (V)	计算 $|U_{1W1.1W2}-U_{3W1.3W2}|$

（二）检验连接组

1. Yy0

按照图 3 - 18（a）接线。1U1、3U1 两端点用导线连接，在高压侧施加三相对称的额定电压，测出 $U_{1U1.1V1}$、$U_{3U1.3V1}$、$U_{1V1.3V1}$、$U_{1W1.3W1}$、$U_{1V1.3W1}$、$U_{1W1.3V1}$，将数字记录于表 3 - 26 中。

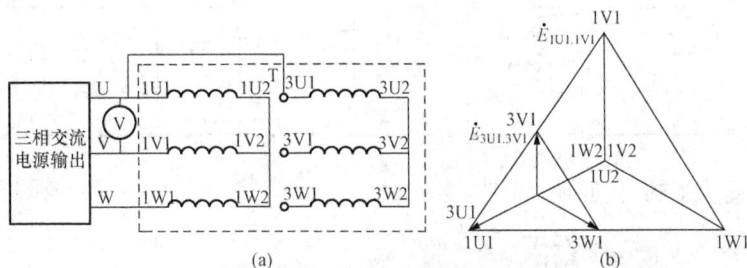

图 3 - 18   Yy0 连接组

（a）接线图；（b）电动势相量图

表 3 - 26   **Yy0 测量实验数据**

实 验 数 据						计 算 数 据			
$U_{1U1.1V1}$ (V)	$U_{3U1.3V1}$ (V)	$U_{1V1.3V1}$ (V)	$U_{1W1.3W1}$ (V)	$U_{1V1.3W1}$ (V)	$U_{1W1.3V1}$ (V)	K_L	$U_{1V1.3V1}$ (V)	$U_{1W1.3W1}$ (V)	$U_{1V1.3W1}$ (V)

根据 Yy0 连接组的电动势相量图可知

$$U_{1V1.3V1}=U_{1W1.3W1}=(K_L-1)U_{3U1.3V1}$$

$$U_{1V1.3V1}=U_{1W1.3W1}=U_{3U1.3V1}\sqrt{K_L^2-K_L+1}$$

$$K_L=\frac{U_{1U1.1V1}}{U_{3U1.3V1}}$$

若用以上两式计算出的 $U_{1V1.3V1}$、$U_{1W1.3W1}$、$U_{1V1.3W1}$、$U_{1W1.3V1}$ 与实验测取的数值相同，则表示绕组连接正常，属 Yy0 连接组。

2. Yy6

将 Yy0 连接组的二次侧绕组首、末端标记对调，1U1、3U2 两点用导线相连，如图 3-19(a) 所示。按前面方法测出电压 $U_{1U1.1V1}$、$U_{3U2.3V2}$、$U_{1V1.3V2}$、$U_{1W1.3W2}$、$U_{1V1.3W2}$、$U_{1W1.3V2}$，将数据记录于表 3-27 中。

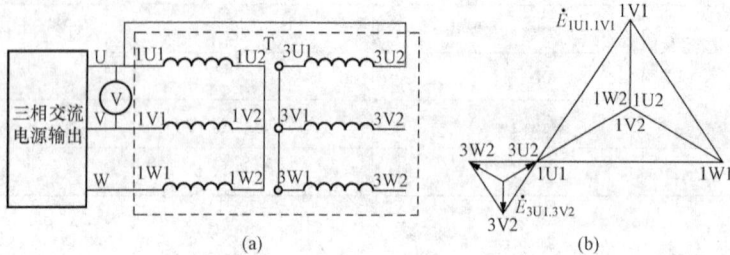

图 3-19　Yy6 连接组

(a) 接线图；(b) 电动势相量图

表 3-27　　　　　　　　　　　　　　Yy6 测量实验数据

实 验 数 据							计 算 数 据		
$U_{1U1.1V1}$ (V)	$U_{3U2.3V2}$ (V)	$U_{1V1.3V2}$ (V)	$U_{1W1.3W2}$ (V)	$U_{1V1.3W2}$ (V)	$U_{1W1.3V2}$ (V)	K_L	$U_{1V1.3V2}$ (V)	$U_{1W1.3W2}$ (V)	$U_{1V1.3W2}$ (V)

根据 Yy6 连接组的电动势相量图可得

$$U_{1V1.3V2} = U_{1W1.3W2} = (K_L + 1)U_{3U2.3V2}$$

$$U_{1V1.3W2} = U_{1W1.3W2} = U_{3U2.3V2}\sqrt{K_L^2 - K_L + 1}$$

$$K_L = \frac{U_{1U1.1V1}}{U_{3U2.3V2}}$$

若由以上两式计算出的 $U_{1V1.3V2}$、$U_{1W1.3W2}$、$U_{1V1.3W2}$、$U_{1W1.3V2}$ 与实测相同，则绕组连接正确，属于 Yy6 连接组。

3. Yd11

按图 3-20(a) 接线。1U1、3U1 两端点用导线相连，高压侧施加对称额定电压，测取 $U_{1U1.1V1}$、$U_{3U1.3V1}$、$U_{1V1.3V1}$、$U_{1W1.3W1}$、$U_{1V1.3W1}$、$U_{1W1.3V1}$，将数据记录于表 3-28 中。

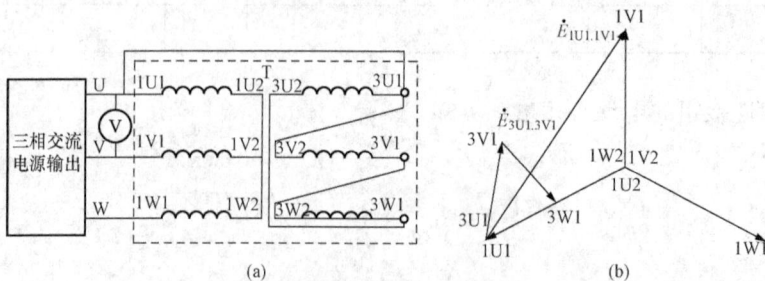

图 3-20　Yd11 连接组

(a) 接线图；(b) 电动势相量图

表 3 - 28 Yd11 测量实验数据

实 验 数 据							计 算 数 据			
$U_{1U1.1V1}$ (V)	$U_{3U1.3V1}$ (V)	$U_{1V1.3V1}$ (V)	$U_{1W1.3W1}$ (V)	$U_{1V1.3W1}$ (V)	$U_{1W1.3V1}$ (V)	K_L	$U_{1V1.3V1}$ (V)	$U_{1W1.3W1}$ (V)	$U_{1V1.3W1}$ (V)	$U_{1W1.3V1}$ (V)

根据 Yd11 连接组的电动势相量可得

$$U_{1V1.3V1} = U_{1W1.3W1} = U_{1V1.3W1} = U_{3U1.3V1} \sqrt{K_L^2 - \sqrt{3}K_L + 1}$$

$$U_{1W1.3V1} = U_{3U1.3V1} \sqrt{K_L^2 + 1}$$

$$K_L = \frac{U_{1U1.1V1}}{U_{3U1.3V1}}$$

若由上式计算出的 $U_{1V1.3V1}$、$U_{1W1.3W1}$、$U_{1V1.3W1}$、$U_{1W1.3V1}$ 与实测值相同，则绕组连接正确，属 Yd11 连接组。

4. Yd5

将 Yd11 连接组的二次侧绕组首、末端标记对调，1U1、3U2 两点用导线相连，如图 3 - 21(a) 所示。按前面方法测出电压 $U_{1U1.1V1}$、$U_{3U2.3V2}$、$U_{1V1.3V2}$、$U_{1W1.3W2}$、$U_{1V1.3W2}$、$U_{1W1.3V2}$，将数据记录于表 3 - 29 中。

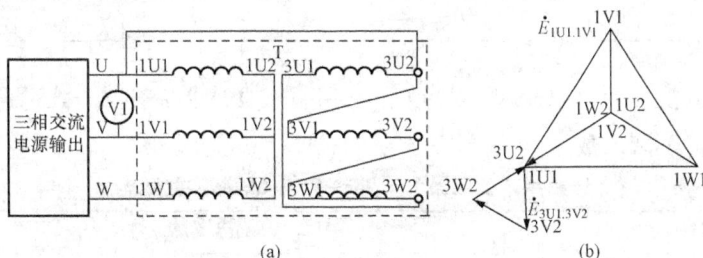

图 3 - 21　Yd5 连接组
(a) 接线图；(b) 电动势相量图

表 3 - 29 Yd5 测量实验数据

实 验 数 据							计 算 数 据		
$U_{1U1.1V1}$ (V)	$U_{3U2.3V2}$ (V)	$U_{1V1.3V2}$ (V)	$U_{1W1.3W2}$ (V)	$U_{1V1.3W2}$ (V)	$U_{1W1.3V2}$ (V)	K_L	$U_{1V1.3V2}$ (V)	$U_{1W1.3W2}$ (V)	$U_{1V1.3W2}$ (V)

根据 Yd5 连接组的电动势相量图可得

$$U_{1V1.3V2} = U_{1W1.3W2} = U_{1V1.3W2} = U_{3U2.3V2} \sqrt{K_L^2 + \sqrt{3}K_L + 1}$$

$$U_{1W1.3V2} = U_{3U2.3V2} \sqrt{K_L^2 + 1}$$

$$K_L = \frac{U_{1U1.1V1}}{U_{3U2.3V2}}$$

若由上式计算出的 $U_{1V1.3V2}$、$U_{1W1.3W2}$、$U_{1V1.3W2}$、$U_{1W1.3V2}$ 与实测值相同，则绕组连接正

确，属于 Yd5 连接组。

（三）不对称短路

1. Yyn 连接单相短路

（1）三相心式变压器。Yyn 连接单相短路接线如图 3-22 所示。被试变压器选用三相心式变压器。接通电源前，先将交流电压调到输出电压为零的位置，然后接通电源，逐渐增加电源电压，直至二次侧短路电流 $I_{2K} \approx I_{2N}$ 为止，测取二次侧短路电流和相电压 I_{2K}、U_{3U1}、U_{3V1}、U_{3W1}，一次侧电流、相电压、线电压 I_{1U1}、I_{1V1}、I_{1W1}、U_{1U1}、U_{1V1}、U_{1W1}、$U_{1U1.1V1}$、$U_{1V1.1W1}$、$U_{1W1.1U1}$，将数据记录于表 3-30 中。

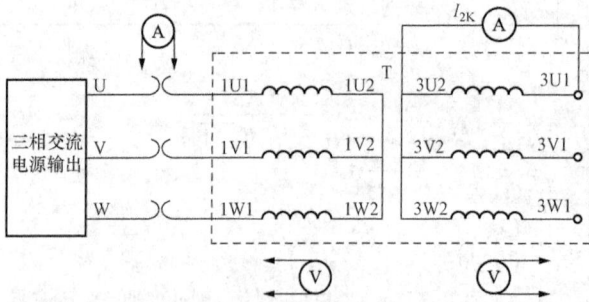

图 3-22　Yyn 连接单相短路接线图

表 3-30　　　　　三相心式变压器 Yyn 连接 U 单相短路实验数据

$I_{2K}(A)$	$U_{3U1}(V)$	$U_{3V1}(V)$	$U_{3W1}(V)$	$I_{1U1}(V)$	$I_{1V1}(V)$	$I_{1W1}(A)$
$U_{1U1}(V)$	$U_{1V1}(V)$	$U_{1W1}(V)$	$U_{1U1.1V1}(V)$	$U_{1V1.1W1}(V)$	$U_{1W1.1U1}(V)$	

（2）三相组式变压器。被试变压器改为三相组式变压器，重复上述实验，在外施电压 $U_1 = U_N/\sqrt{3}$ 的条件下测取数据，记录于表 3-31 中。

表 3-31　　　　　三相组式变压器 Yyn 连接 U 单相短路实验数据

保持不变条件			$U_1 = U_N/\sqrt{3} =$ _____ V			
$I_{2K}(A)$	$U_{2U1}(V)$	$U_{2V1}(V)$	$U_{2W1}(V)$	$I_{1U1}(V)$	$I_{1V1}(V)$	$I_{1W1}(A)$
$U_{1U1}(V)$	$U_{1V1}(V)$	$U_{1W1}(V)$	$U_{1U1.1V1}(V)$	$U_{1V1.1W1}(V)$	$U_{1W1.1U1}(V)$	

2. Yy 连接两相短路

（1）三相心式变压器。Yyn 连接两相短路接线如图 3-23 所示。接通三相心式变压器电源前，先将电压调至零位置，然后接通电源，逐渐增加电源电压，直至 $I_{2K} \approx I_{2N}$ 为止，测取变压器一、二次侧电流和相电压 I_{2K}、U_{3U1}、U_{3V1}、U_{3W1}、I_{1U1}、I_{1V1}、I_{1W1}、U_{1U1}、U_{1V1}、U_{1W1}，将数据记录于表 3-32 中。

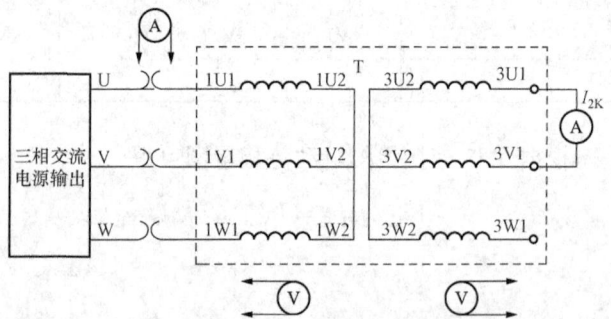

图 3-23　Yy 连接两相短路接线图

表 3 - 32	三相心式变压器 Yy 连接两相短路实验数据			
$I_{2K}(A)$	$U_{3U1}(V)$	$U_{3V1}(V)$	$U_{3W1}(V)$	$I_{1U1}(A)$
$I_{1V1}(A)$	$I_{1W1}(A)$	$U_{1U1}(V)$	$U_{1V1}(V)$	$U_{1W1}(V)$

（2）三相组式变压器。被试变压器改为三相组式变压器，重复上述实验，测取数据记录于表 3 - 33 中。

表 3 - 33	三相组式变压器 Yy 连接 UV 两相短路实验数据			
$I_{2K}(A)$	$U_{3U1}(V)$	$U_{3V1}(V)$	$U_{3W1}(V)$	$I_{1U1}(A)$
$I_{1V1}(A)$	$I_{1W1}(A)$	$U_{1U1}(V)$	$U_{1V1}(V)$	$U_{1W1}(V)$

（四）测定变压器的零序阻抗

1. 三相心式变压器

测零序阻抗接线如图 3 - 24 所示。三相心式变压器的高压绕组开路，三相低压绕组首末端串联后接到电源。接通电源前，将电压调至零位置，接通电源后，逐渐增加电源电压，在输入电流 $I_0 = 0.25I_N$ 和 $I_0 = 0.5I_N$ 的两种情况下，测取变压器的 I_0、U_0 和 P_0，将数据记录表 3 - 34 中。

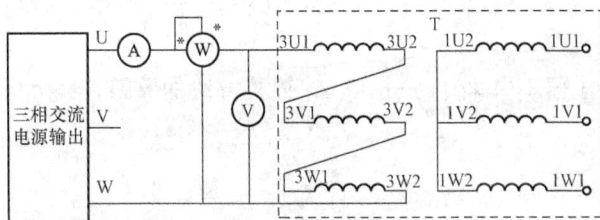

图 3 - 24　测零序阻抗接线图

表 3 - 34　三相心式变压器的零序阻抗实验数据

$I_0(A)$	$U_0(V)$	$P_0(W)$
$0.25I_N =$		
$0.5I_N =$		

2. 三相组式变压器

由于三相组式变压器的磁路彼此独立，因此可用三相组式变压器中任何一台单相变压器做空载实验，求取的励磁阻抗即为三相组式变压器的零序阻抗。若前面单相变压器实验已做过，该实验可略。

六、实验报告

1. 连接组判别

计算出不同连接组时 $U_{1V1.3V1}$、$U_{1W1.3W1}$、$U_{1V1.3W1}$（或 $U_{1V1.3V2}$、$U_{1W1.3W2}$、$U_{1V1.3W2}$）的数值与对应的测量值进行比较，判别绕组连接是否正确。

2. 计算零序阻抗参数

Yyn 三相心式变压器的零序参数计算式为

$$Z_0 = \frac{U_0}{3I_0}, \ R_0 = \frac{P_0}{3I_0^2}, \ X_0 = \sqrt{Z_0^2 - R_0^2}$$

　　分别算出 $I_0=0.25I_N$ 和 $I_0=0.5I_N$ 时的 Z_0、R_0、X_0，取其平均值作为零序阻抗、零序电阻和零序电抗，标幺值计算式为

$$Z_0^* = \frac{I_{NP}Z_0}{U_{NP}},\ R_0^* = \frac{I_{NP}R_0}{U_{NP}},\ X_0^* = \frac{I_{NP}X_0}{U_{NP}}$$

式中，I_{NP} 和 U_{NP} 为变压器与 I_N 同侧的绕组的额定相电流和额定相电压。

　　3. 计算短路情况下的一次侧电流

　　(1) Yyn 单相短路。

　　二次侧电流　　　　　　　　$\dot{I}_{3U1} = \dot{I}_{2N},\ \dot{I}_{3V1} = \dot{I}_{3W1} = 0$

　　一次侧电流，略去励磁电流不计，则　　$\dot{I}_{1U1} = -\frac{2\dot{I}_{2N}}{3K},\ \dot{I}_{1V1} = \dot{I}_{1W1} = \frac{\dot{I}_{2N}}{3K}$

式中，K 为变压器的变比。

　　将 I_{1U1}、I_{1V1}、I_{1W1} 计算值与实测值进行比较，分析产生误差的原因，并讨论 Yyn 三相组式变压器带单相负载的能力以及中点移动的原因。

　　(2) Yy 两相短路。

　　二次侧电流　　　　　　　$\dot{I}_{3U1} = -\dot{I}_{3V1} = \dot{I}_{2N},\ \dot{I}_{3W1} = 0$

　　一次侧电流　　　　　　　$\dot{I}_{1U1} = -\dot{I}_{1V1} = -\frac{\dot{I}_{2K}}{K},\ \dot{I}_{1W1} = 0$

　　将 I_{1U1}、I_{1V1}、I_{1W1} 计算值与实测值进行比较，分析产生误差的原因，并讨论 Yy 带单相负载是否有中点移动的现象？为什么？

　　4. 实验分析

　　(1) 由实验数据算出 Yy 和 Yd 接法时的一次侧 $U_{1U1.1V1}/U_{1U1}$ 比值，分析产生差别的原因。

　　(2) 根据实验观察，说明三相组式变压器不宜采用 Yyn 和 Yy 连接方法的原因。

实验八　三相鼠笼异步电动机的工作特性

一、实验目的

(1) 掌握三相鼠笼异步电机的空载、短路和负载实验的方法。

(2) 用直接负载法测取三相鼠笼异步电动机的工作特性。

(3) 测定三相鼠笼型异步电动机的参数。

二、预习要点

(1) 三相异步电动机的工作特性指哪些特性？

(2) 三相异步电动机的等效电路有哪些参数？它们的物理意义是什么？

(3) 三相异步电动机的工作特性和参数的测定方法。

三、实验项目

(1) 测量定子绕组的冷态电阻。

(2) 判定定子绕组的首末端。

(3) 空载实验。

(4) 短路实验。

(5) 负载实验。

四、实验设备及仪器

(1) 涡流测功机	1台
(2) 转速表	1块
(3) 交流电压表	3块
(4) 交流电流表	3块
(5) 功率表	2块
(6) 直流电压表	1块
(7) 直流安培表	1块
(8) 三相可调电阻器	1台
(9) 三相鼠笼式异步电动机	1台
(10) 直流稳压电源	1台
(11) 三相交流调压电源	1台
或电机系统教学实验台	1套

五、实验方法

1. 伏安法测量定子绕组的冷态直流电阻

三相交流绕组电阻的测定如图 3-25 所示。电流表量程的选择：测量时，通过的测量电流约为电机额定电流的 20%。

实验开始前，合上开关 S1，断开开关 S2，调节电阻 R 至最大。电压表量程由电动机定子的相绕组电阻和额定电流确定。

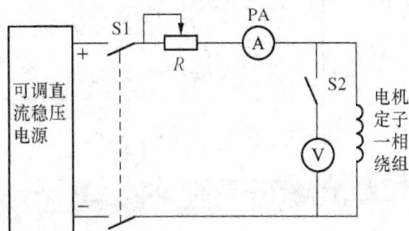

图 3-25　三相交流绕组电阻的测定

合上开关 S1，调节直流可调电源及可调电阻 R，使实验电机电流不超过电机额定电流的 10%，以防止因实验电流过大而引起绕组的温度上升，读取电流值，再接通开关 S2 读取电压值。读完后，先打开开关 S2，再打开开关 S1。

调节 R 使 PA 表分别为电机额定电流的 20%、15%、10%测取三次，取其平均值，测量定子三相绕组的电阻值，记录于表 3 - 35 中，并记录环境温度。

表 3 - 35　　　　　　　　　定子绕组的冷态直流电阻实验数据

环境温度					$\theta=$＿＿℃				
	绕组 I			绕组 II			绕组 III		
I（mA）									
U（V）									
R（Ω）									

注意事项：

（1）在测量时，电动机的转子需静止不动。

（2）测量通电时间不应超过 1min。

2. 判定定子绕组的首末端

先用万用表测出各相绕组的两个线端，将其中的任意二相绕组串联，如图 3 - 26 所示。

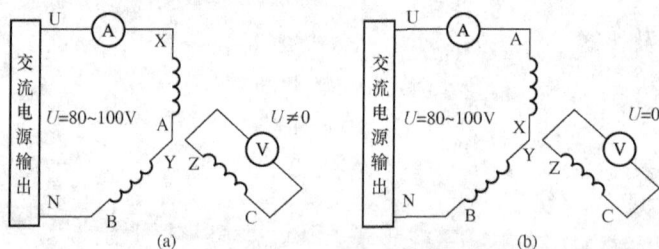

图 3 - 26　三相交流绕组首末端的测定

（a）验证绕组首端与末端连接；（b）验证绕组首端与首端（或末端与末端）连接

将可调压电源调至零位，合上电源开关，调节交流电源，在绕组端施以单相低电压 $U=$80～100V，注意电流不应超过额定值，测出第三相绕组的电压，如测得的电压有一定读数，表示两相绕组的末端与首端相联，如图 3 - 26（a）所示；反之，如测得电压近似为零，则二相绕组的末端与末端（或首端与首端）相连，如图 3 - 26（b）所示。用同样方法测出第三相绕组的首末端。

3. 空载实验

三相笼型异步电机实验接线如图 3 - 27 所示。电机绕组为△接法，且电机不同测功机同轴连接，即不带测功机。

（1）起动电机前，把交流调压器调至零位，然后接通电源，逐渐升高电压，使电机起动旋转，观察电机旋转方向，并使电机旋转方向符合要求。

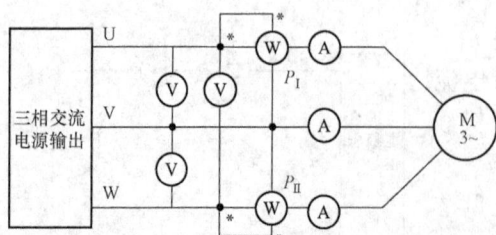

图 3 - 27　三相笼型异步电机实验接线图

（2）保持电动机在额定电压下空载运行数分钟，使机械损耗达到稳定后再进行实验。

（3）调节电压到 1.2 倍额定电压，然后逐渐降低电压，直至电流或功率显著增大为止。在这范围内读取空载电压、空载电流、空载功率。在额定电压 U_N 附近电压间隔稍小一些，U_N 为必测点，共测取数据 7～8 组，记录于表 3-36 中。

表 3-36　　　　　　　　　　　　　　异步电动机空载实验数据

| 序号 | $U_{10}(V)$ | $I_{10}(A)$ | P_0 (W) | | | 计算 $\cos\varphi_0$ |
			P_I	P_{II}	计算 P_0	
1						
2						
3						
4						
5						
6						
7						

4. 短路实验

测量线路如图 3-27 所示。

（1）用制动工具卡住电机转轴，将三相调压器调至零位。

（2）合上交流电源，调节调压器使之逐渐升压，使短路电流达到 1.2 倍额定电流。

（3）再逐渐降压至 0.3 倍额定电流为止，在这范围内读取短路电压、短路电流、短路功率，I_N 为必测点，共取 5～6 组数据，填入表 3-37 中。做完实验后，拆下转轴上的制动工具。

表 3-37　　　　　　　　　　　　　　异步电动机短路实验数据

| 序号 | $U_{1K}(V)$ | $I_{1K}(A)$ | P_K (W) | | | 计算 $\cos\varphi_K$ |
			P_I	P_{II}	计算 P_K	
1						
2						
3						
4						
5						

5. 负载实验

测量线路如图 3-27 所示。将测功机和三相异步电机同轴连接。实验开始前，负载转矩调至最小，记录异步电动机同步转速 $n_1 = $ _____ r/min。

（1）合上交流电源，调节调压器使之逐渐升高至额定电压，并在试验中保持此额定电压不变。

（2）调节测功机转矩，使异步电动机负载增加，则电机的定子电流逐渐上升，直到上升到 1.2 倍额定电流。

（3）从此时开始，逐渐减小负载转矩直至空载，在这范围内读取异步电动机的定子电流、输入功率、转速、转矩等数据，共读取 6～7 组数据，记录于表 3 - 38 中。额定电流点的数据必须测取。

表 3 - 38　　　　　　　　　　异步电动机负载实验数据

保持不变条件					$U=U_N=$＿＿＿ V（△）		
序号	I_1(A)	P_1 (W)			T_2 (N · m)	n (r/min)	计算 P_2(W)
		P_{I}	P_{II}	计算 P_1			
1							
2							
3							
4							
5							
6							

六、实验报告

1. 计算基准工作温度时的相电阻

由实验直接测得每相电阻值，此值为实际冷态电阻值。冷态温度为室温。换算到基准工作温度时的定子绕组相电阻为

$$R_{1\mathrm{ref}} = R_{1\mathrm{c}}\frac{235+\theta_{\mathrm{ref}}}{235+\theta_{\mathrm{c}}}$$

式中　$R_{1\mathrm{ref}}$——换算到基准工作温度时定子绕组的相电阻，Ω；

　　　$R_{1\mathrm{c}}$——定子绕组的实际冷态相电阻，Ω；

　　　θ_{ref}——基准工作温度，对于 E 级绝缘为 75℃；

　　　θ_{c}——实际冷态时定子绕组的温度，℃。

2. 作空载、短路的特性曲线

空载实验：I_0、P_0、$\cos\varphi_0 = f(U_0)$

短路实验：I_K、$P_K = f(U_K)$

3. 由空载、短路实验的数据求异步电机等效电路的参数

（1）由短路实验数据求短路参数。

短路阻抗　　　　　　　　　　$Z_K=\dfrac{U_K}{I_K}$

短路电阻　　　　　　　　　　$R_K=\dfrac{P_K}{3I_K^2}$

短路电抗　　　　　　　　　　$X_K=\sqrt{Z_K^2-R_K^2}$

式中　U_K、I_K、P_K——由短路特性曲线上查得，相应于 I_K 为额定电流时的相电压、相电流、三相短路功率。

转子电阻的折合值　　　　　　$R_2'\approx R_K-R_1$

定、转子漏抗　　　　　　　　$X_{1\sigma}\approx X_{2\sigma}'\approx\dfrac{X_K}{2}$

（2）由空载实验数据求励磁回路参数。

空载阻抗
$$Z_0 = \frac{U_0}{I_0}$$

空载电阻
$$R_0 = \frac{P_0}{3I_0^2}$$

空载电抗
$$X_0 = \sqrt{Z_0^2 - R_0^2}$$

式中 U_0、I_0、P_0——相应于 U_0 为额定电压时的相电压、相电流、三相空载功率。

励磁电抗
$$X_m = X_0 - X_{1\sigma}$$

励磁电阻
$$R_m = \frac{P_{Fe}}{3I_0^2}$$

式中 P_{Fe}——额定电压时的铁耗，由图 3-28 确定。

注意：本实验数据是三相绕组在△形接线下测得的，计算等效电路参数时，测量数据要折算到相绕组上。

4. 作工作特性曲线 P_1、I_1、n、η、s、$\cos\varphi_1 = f(P_2)$

由负载实验数据计算工作特性，填入表 3-39 中。

表 3-39　　　　　　　　　　　　　　**异步电动机负载计算数据**

保持不变条件				$U_1 = U_{1N} = $ _____ V（△）			
序 号	电动机输入		电动机输出			计 算 值	
	$I_1(A)$	$P_1(W)$	$T_2(N \cdot m)$	n (r/min)	$P_2(W)$	$s(\%)$	$\eta(\%)$	$\cos\varphi_1$
1								
2								
3								
4								
5								
6								

表中各量的计算公式为

$$I_{1P} = \frac{I_U + I_V + I_W}{3\sqrt{3}}$$

$$s = \frac{n_1 - n}{n_1} \times 100\%$$

$$\cos\varphi_1 = \frac{P_1}{3U_1 I_{1P}}$$

$$P_2 = 0.105 n T_2$$

$$\eta = \frac{P_2}{P_1} \times 100\%$$

式中 I_{1P}——定子绕组相电流，A；

　　　U_1——定子绕组相电压，V；

　　　s——转差率；

　　　η——效率；

n_1——同步转速，r/min。

5. 由损耗分析法求额定负载时的效率

电动机的损耗有：

(1) 铁耗：P_{Fe}；

(2) 机械损耗：P_{mec}；

(3) 定子铜耗：$P_{Cu1} = 3I_1^2 R_1$；

(4) 转子铜耗：$P_{Cu2} = P_{em}s$；

(5) 杂散损耗 P_{ad}：取为额定负载时输入功率的 0.5%。

$$P_{em} = P_1 - P_{Cu1} - P_{Fe}$$

式中　P_{em}——电磁功率，W。

铁耗和机械损耗之和为

$$P_0' = P_{Fe} + P_{mec} = P_0 - 3I_0^2 R_1$$

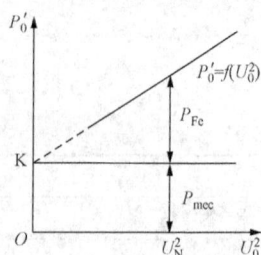

图 3-28　电机中的铁损耗和机械损耗

为了分离铁损耗和机械损耗，作曲线 $P_0' = f(U_0^2)$，如图 3-28 所示。

延长曲线的直线部分与纵轴相交于 K 点，K 点的纵坐标即为电动机的机械损耗 P_{mec}，过 K 点作平行于横轴的直线，可得不同电压的铁耗 P_{Fe}。

电机的总损耗为

$$\sum P = P_{Fe} + P_{Cu1} + P_{Cu2} + P_{ad}$$

于是求得额定负载时的效率为

$$\eta = \frac{P_1 - \sum P}{P_1} \times 100\%$$

式中　P_1——由工作特性曲线上对应于 P_2 为额定功率 P_N 时查得。

七、思考题

(1) 由空载、短路实验数据求取异步电机的等效电路参数时，有哪些因素会引起误差？

(2) 从短路实验数据可以得出哪些结论？

(3) 由直接负载法测得的电机效率和用损耗分析法求得的电机效率各有哪些因素会引起误差？

实验九 三相异步电动机的起动和调速

一、实验目的

通过实验掌握异步电动机起动和调速的方法。

二、预习要点

(1) 复习异步电动机有哪些起动方法和起动技术指标。

(2) 复习异步电动机的调速方法。

三、实验项目

(1) 异步电动机的直接起动。

(2) 异步电动机星形——三角形（Y—△）换接起动。

(3) 自耦变压器起动。

(4) 绕线式异步电动机转子绕组串入可变电阻器起动。

(5) 绕线式异步电动机转子绕组串入可变电阻器调速。

四、实验设备及仪器

(1) 交流调压电源	1台
(2) 指针式交流电流表	1块
(3) 涡流测功机	1台
(4) 转速表	1块
(5) 电机起动电阻箱	1台
(6) 鼠笼式异步电动机	1台
(7) 绕线式异步电动机	1台
(8) 交流电压表	1块
(9) 交流电流表	1块
或电机系统教学实验台	1套

五、实验方法

1. 三相笼型异步电动机直接起动试验

按图 3-29 接线，电机绕组为△接法。

仪表的选择：交流电压表为数字式或指针式均可，交流电流表则为指针式。

（1）把三相交流电源调节到最小，合上电源开关。调节调压器，使输出电压达到电机额定电压，使电机起动旋转。电机起动后，观察转速表，如出现电机转向不符合要求，则须切断电源，调整相序，再重新起动电机。

（2）断开三相交流电源，待电动机完全停止旋转后，接通三相交流电源，使电机全压起动，观察电机起动瞬间的电流值。

注：按指针式电流表偏转的最大位置所对应的读数值计量。电流表受起动电流冲击，电流表显示的最大值虽不能完全代表起动电流的读数，但用它可和下

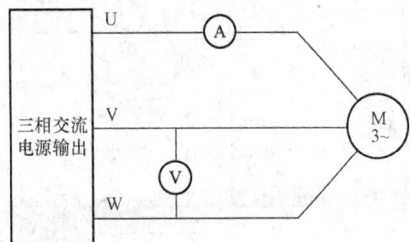

图 3-29 异步电机直接起动实验接线图

面几种起动方法的起动电流作定性的比较。

（3）断开三相交流电源，将调压器退到零位。用制动设备卡住电动机转轴。

（4）合上三相交流电源，调节调压器，观察电流表，使电机电流达 2～3 倍额定电流，读取电压值 U_K、电流值 I_K、转矩值 T_K，填入表 3-40 中。注意实验时，通电时间不应超过 10s，以免绕组过热。

对应于额定电压的起动转矩 T_{st} 和起动电流 I_{st}，其计算式为

$$T_{st} = \left(\frac{I_{st}}{I_K}\right)^2 T_K$$

$$I_{st} = \left(\frac{U_N}{U_K}\right) I_K$$

式中　I_K——起动实验时的电流值，A；

T_K——起动实验时的转矩值，N·m；

U_K——起动实验时的电压值，V；

U_N——电机额定电压，V。

表 3-40　　　　　　　　　　鼠笼异步电动机直接起动实验数据

测　量　值			计　算　值	
U_K(V)	I_K(A)	T_K(N·m)	T_{st}(N·m)	I_{st}(A)

2. 星形—三角形（Y—△）起动

按图 3-30 接线，电压表、电流表的选择同前。

（1）起动前，把三相调压器退到零位，三刀双掷开关合向右边（Y）接法。合上电源开关，逐渐调节调压器，使输出电压升高至电机额定电压 U_N，断开电源开关，待电机停转。

（2）待电机完全停转后，合上电源开关，观察起动瞬间的电流，然后把 S 合向左边（△接法），电机进入正常运行，整个起动过程结束，观察起动瞬间电流表的显示值以与其他起动方法作定性比较。

3. 自耦变压器降压起动

按图 3-30 接线。电机绕组为△接法。

（1）先把调压器退到零位，合上电源开关，调节调压器，使输出电压达 $0.5U_N$，断开电源开关，待电机停转。

（2）待电机完全停转后，再合上电源开关，调压器在这里用作自耦变压器，电机降压起动。起动瞬间注意观察电流表的读数值，经一定时间后，调节调压器，使输出电压达到电机额定电压 U_N，整个起动过程结束。

4. 绕线式异步电动机转子绕组串入可变电阻器起动

实验线路如图 3-31 所示，电机定子绕组 Y 形接法。转子串入的电阻由联动开关 S 来调节，调节电阻采用 3 个相同串联电阻支路组成起动电阻，电阻分 0、R_1、R_2、R_3、∞ 五档。其中 $R_1 = R_{S1}$，$R_2 = R_{S1} + R_{S2}$，$R_3 = R_{S1} + R_{S2} + R_{S3}$。

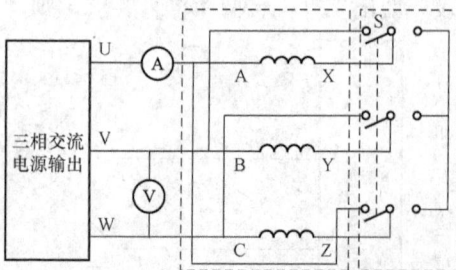

图 3-30　异步电机星形—三角形起动

（1）起动电源前，把调压器退至零位，起动电阻调节为零。

（2）合上交流电源，调节交流电源使电机起动。注意电机转向是否符合要求。

（3）在定子电压为 $0.8U_N$ 时，调节负载转矩到最大，绕线式电机转动缓慢，读取此时的电流和转矩值 I_{st} 和 T_{st}。

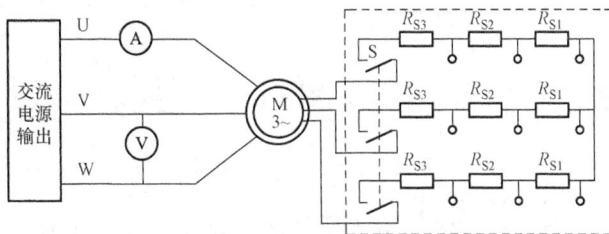

图 3-31　绕线式异步电机转子绕组串电阻起动实验接线图

（4）用联动开关 S 切换起动电阻，分别读出起动电阻为 R_1、R_2、R_3 的起动转矩 T_{st} 和起动电流 I_{st}，填入表 3-41 中。

注意：实验时通电时间不宜长，以免绕组过热。

表 3-41　　　　　　　　　绕线式异步电动机起动实验数据

保持不变条件		$U=0.8U_N=$_____ V		
R_{st}	0	R_1	R_2	R_3
$T_{st}(N\cdot m)$				
$I_{st}(A)$				

5. 绕线式异步电动机绕组串入可变电阻器调速

实验线路同前，实验前把绕线电机起动电阻调节到零。

（1）合上电源开关，调节调压器输出电压至 U_N，使电机空载起动。

（2）调节负载转矩，使电动机输出功率接近额定功率并保持输出转矩 T_2 不变，改变转子串联电阻，分别测出对应的转速，记录于表 3-42 中。

表 3-42　　　　　　　　　绕线式异步电动机转子串电阻调速实验数据

保持不变条件		$U=U_N=$_____ V, $T_2=$_____ N·m		
$R_{st}(\Omega)$	0	R_1	R_2	R_3
$n(r/min)$				

六、实验报告

（1）比较异步电动机不同起动方法的优缺点。

（2）由起动实验数据求下述三种情况下的起动电流和起动转矩：

1）外施额定电压 U_N（直接法起动）。

2）外施电压为 $U_N/\sqrt{3}$（Y—△起动）。

3）外施电压为 U_N/K_U，式中 K_U 为起动用自耦变压器的变比（自耦变压器起动）。

（3）绕线式异步电动机转子绕组串入电阻对起动电流和起动转矩的影响。

（4）绕线式异步电动机转子绕组串入电阻对电机转速的影响。

七、思考题

（1）起动电流和外施电压成正比、起动转矩和外施电压的平方成正比在什么情况下才能成立？

（2）起动时的实际情况和上述假定是否相符，不相符的主要因素是什么？

实验十　三相同步发电机的运行特性

一、实验目的
(1) 用实验方法测量同步发电机在对称负载下的运行特性。
(2) 由实验数据计算同步发电机在对称运行时的稳态参数。

二、预习要点
(1) 同步发电机在对称负载下有哪些基本特性？
(2) 这些基本特性各在什么情况下测得？
(3) 怎样用实验数据计算对称运行时的稳态参数？

三、实验项目
(1) 测定电枢绕组的实际冷态直流电阻。
(2) 空载试验：在 $n=n_N$、$I=0$ 的条件下，测取空载特性曲线 $U_0=f(I_f)$。
(3) 三相短路实验：在 $n=n_N$、$U=0$ 的条件下，测取三相短路特性曲线 $I_K=f(I_f)$。
(4) 纯电感负载特性：在 $n=n_N$、$I=I_N$、$\cos\varphi\approx0$ 的条件下，测取纯电感负载特性曲线 $U=f(I_f)$。
(5) 外特性：在 $n=n_N$、$I_f=$ 常数、$\cos\varphi=1$ 和 $\cos\varphi=0.8$（滞后）的条件下，测取外特性曲线 $U=f(I)$。
(6) 调节特性：在 $n=n_N$、$U=U_N$、$\cos\varphi=1$ 的条件下，测取调节特性曲线 $I_f=f(I)$。

四、实验设备及仪器
(1) 涡流测功机　　　　　　　　　　1台
(2) 转速表　　　　　　　　　　　　1块
(3) 可调电阻器　　　　　　　　　　2台
(4) 同步电机励磁电源　　　　　　　1台
(5) 三相可调电阻器　　　　　　　　1台
(6) 三相可调电抗器　　　　　　　　1台
(7) 三相凸极同步电机　　　　　　　1台
(8) 直流并励电动机　　　　　　　　1台
或电机系统教学实验台　　　　　　　1套

五、实验方法
实验前了解同步发电机的额定参数。

1. 测定电枢绕组实际冷态直流电阻

被试电机采用三相凸极式同步电机。测量与计算方法参见实验八。记录室温，测量数据记录于表 3-43 中。

2. 空载试验

按图 3-32 接线，直流电动机按他励方式连接，拖动三相同步发电机旋转，同步发电机的定子绕组为 Y 形接法。

表 3 - 43　　　　　　　　　　同步电机电枢绕组测量数据

环　境　温　度	$\theta=$_____℃		
	绕组Ⅰ	绕组Ⅱ	绕组Ⅲ
I(mA)			
U(V)			
R(Ω)			

实验步骤：

（1）未上电源前，同步电机励磁电源调到最小，直流电机磁场调节电阻 R_f 调至最小，电枢起动电阻 R_{st} 调至最大。开关 S2、S3 扳向"2"位置（断开位置）。

（2）接通直流电机励磁电源和电枢电源，起动直流电机。调节 R_{st} 至最小，并调节可调直流稳压电源（电枢电压）和磁场调节电阻 R_f，使电机转速达到同步发电机的额定转速 n_N 并保持恒定。

（3）接通同步电机励磁电源，调节电机励磁电流 I_f（注意必须单方向调节），使 I_f 单方向递增至发电机输出电压 $U_0 \approx 1.2 U_N$ 为止。在这范围内，读取同步发电机励磁电流 I_f 和相应的空载电压 U_0，测取 7～8 组数据填入表 3 - 44 中。

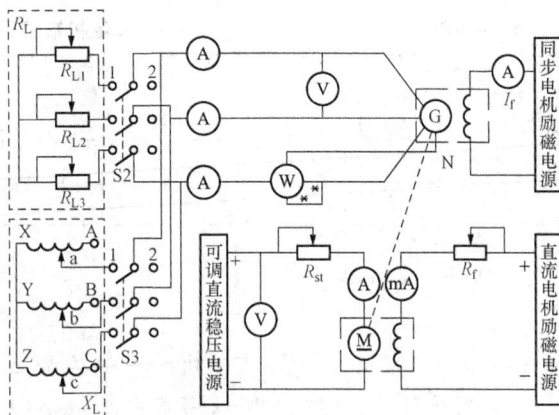

图 3 - 32　三相同步发电机实验接线图

表 3 - 44　　　　　　　　　　同步电机空载电压升实验数据

保持不变条件	$n=n_N=$_____r/min，$I=0$						
序号	1	2	3	4	5	6	7	8
U_0(V)								
I_f(A)								

（4）减小电机励磁电流，使 I_f 单方向减至零值为止。读取励磁电流 I_f 和相应的空载电压 U_0，填入表 3 - 45 中。为方便比较 U_0 上升与下降的曲线特性，建议表 3 - 45 与表 3 - 44 中 U_0 选取相同的值。

表 3 - 45　　　　　　　　　　同步电机空载电压降实验数据

保持不变条件	$n=n_N=$_____r/min，$I=0$						
序号	1	2	3	4	5	6	7	8
U_0(V)								
I_f(A)								

3. 三相短路试验

（1）同步电机励磁电流调节到最小，按空载实验方法调节电机转速为额定转速 n_N，保持恒定。

（2）用短接线把开关 S2 的"2"侧短接，开关 S2 扳向"2"位置，使发电机定子输出短路，合上同步电机励磁电源开关，调节同步电机励磁电流 I_f，使其定子电流 $I_K = 1.2I_N$，读取同步电机励磁电流 I_f 和相应的定子电流值 I_K，记于表 3 - 46 中。三相定子电流是相等的，I_K 取其中一相。

（3）减小发电机的励磁电流 I_f 使定子电流减小，直至励磁电流为零，读取励磁电流 I_f 和相应的定子电流 I_K，共取数据 7～8 组并记于表 3 - 46 中。

表 3 - 46　　　　　　　　　　　　**同步电机短路实验数据**

保持不变条件			$U=0V$，$n=n_N=$_____ r/min					
序号	1	2	3	4	5	6	7	8
$I_K(A)$								
$I_f(A)$								

4. 纯电感负载特性

实验步骤：

（1）未上电源前，把同步电机励磁电源调节到最小，调节可变电抗器使其阻抗达到最大，同时拆除开关 S2 的"2"侧短接线，S2 扳向"2"位置。

（2）按空载实验方法起动直流电动机，调节发电机的转速达额定值，并保持恒定。开关 S3 扳向"1"端，使电机带纯电感负载运行。

（3）调节同步电机励磁电流 I_f 和可变电抗器 X_L，使同步发电机端电压接近 1.1 倍额定电压且电流为额定电流，读取端电压值和励磁电流值，记于表 3 - 47 中。

（4）每次调节励磁电流使电机端电压减小，到 $0.5U_N$，且调节可变电抗器使定子电流值保持恒定为额定电流。读取端电压和相应的励磁电流，测取 7～8 组数据并记于表 3 - 47 中。

表 3 - 47　　　　　　　　　　　　**同步电机纯电感负载实验数据**

保持不变条件			$n=n_N=$_____ r/min，$I=I_N=$_____ A，$\cos\varphi\approx0$					
序号	1	2	3	4	5	6	7	8
$U(V)$								
$I_f(A)$								

5. 测同步发电机在纯电阻负载时的外特性

（1）把三相可变电阻器 R_L 调至最大，按空载实验的方法起动直流电动机，并调节其转速达到同步发电机额定转速 n_N，且转速保持恒定。

（2）开关 S3 合向"2"端（断开感性负载），开关 S2 合向"1"端，发电机带三相纯电阻负载运行。

（3）合上同步电机励磁电源开关，增大发电机励磁电流 I_f 和负载电阻 R_L 使同步发电机的端电压达额定值，且负载电流亦达额定值。

（4）保持这时的同步发电机励磁电流 I_f 恒定不变，调节负载电阻 R_L，测同步发电机端电压和相应的负载电流，直至负载电流减小到零（S2 断开负载），测出整条外特性。实验过程中，要保持三相定子电流相等，记录其中一相电流值。记录 7～8 组数据于表 3 - 48 中。

表 3 - 48　　　　　　　　　　同步电机纯电阻负载实验数据

保持不变条件		$n=n_N=$ _____ r/min, $I_f=$ _____ A, $\cos\varphi=1$						
序号	1	2	3	4	5	6	7	8
$U(V)$								
$I(A)$								

6. 测同步发电机在负载功率因数为 0.8 时的外特性

（1）分别把三相可变电阻 R_L 和三相可变电抗 X_L 调至最大，并把同步电机励磁电源调到最小。

（2）按空载方法起动直流电动机，并调节电机转速使其达同步电机额定转速 $n=n_N$，且保持转速不变。把开关 S2、S3 均合向"1"端，把 R_L 和 X_L 并联使用作为发电机 G 的负载。

（3）接通同步电机励磁电源，分别调节同步电机励磁电流 I_f，负载电阻 R_L 和可变电抗 X_L，使同步发电机的端电压达额定值，负载电流达额定值且功率因数为 0.8。

（4）保持这时的同步发电机励磁电流 I_f 恒定不变，增大电阻 R_L 和可变电抗器 X_L，使三相负载电流减小相同而功率因数保持不变为 0.8，测同步发电机端电压和相应的一相负载电流，测出整条外特性。记录 6～7 组数据于表 3 - 49 中。

表 3 - 49　　　　　　　　　　同步电机阻感性负载实验数据

保持不变条件		$n=n_N=$ _____ r/min, $I_f=$ _____ A, $\cos\varphi=0.8$						
序号	1	2	3	4	5	6	7	8
$U(V)$								
$I(A)$								

7. 测同步发电机在纯电阻负载时的调整特性

（1）发电机接入三相负载电阻 R_L（S2 合向"1"），断开感性负载 X_L（S3 合向"2"），并调节 R_L 至最大，按前述方法起动电动机，并调节电机转速到额定转速，且保持恒定。

（2）接通同步电机励磁电源，调节同步电机励磁电流 I_f，使发电机端电压达额定值，且保持恒定。

（3）减小电阻 R_L 以增大负载电流，同时保持电机端电压不变（调节同步电机励磁电流 I_f）且三相定子电流相等。读取相应的励磁电流 I_f 和负载电流 I，直到 $I=I_N$，测出整条调整特性。测出 6～7 组数据记录于表 3 - 50 中。

表 3 - 50　　　　　　　同步电机纯电阻负载调整特性实验数据

保持不变条件		$U=U_N=$ _____ V, $n=n_N=$ _____ r/min						
序号	1	2	3	4	5	6	7	8
$I(A)$								
$I_f(A)$								

六、实验报告

（1）根据实验数据绘出同步发电机的空载特性。

（2）根据实验数据绘出同步发电机短路特性。

（3）根据实验数据绘出同步发电机的纯电感负载特性。

（4）根据实验数据绘出同步发电机的外特性。

（5）根据实验数据绘出同步发电机的调整特性。

（6）由空载特性和短路特性求取电机定子漏抗 X_σ 和特性三角形。

（7）由零功率因数特性和空载特性确定电机定子保梯电抗。

（8）利用空载特性和短路特性确定同步电机的直轴同步电抗 X_d（不饱和值）。

（9）利用空载特性和纯电感负载特性确定同步电机的直轴同步电抗 X_d（饱和值）。

（10）求短路比。

（11）由外特性试验数据求取电压调整率 $\Delta U\%$。

七、思考题

（1）定子漏抗 X_σ 和保梯电抗 X_p 它们各代表什么参数？它们的差别是怎样产生的？

（2）由空载特性和特性三角形用作图法求得的零功率因数的负载特性和实测特性是否有差别？造成这差别的因素是什么？

实验十一　三相同步发电机的并联运行

一、实验目的

(1) 掌握三相同步发电机投入电网并联运行的条件与操作方法。

(2) 掌握三相同步发电机并联运行时有功功率与无功功率的调节。

二、预习要点

(1) 三相同步发电机投入电网并联运行有哪些条件？不满足这些条件将产生什么后果？如何满足这些条件？

(2) 三相同步发电机投入电网并联运行时怎样调节有功功率和无功功率？调节过程又是怎样的？

三、实验项目

(1) 用准确同步法将三相同步发电机投入电网并联运行。

(2) 三相同步发电机与电网并联运行时有功功率的调节。

(3) 三相同步发电机与电网并联运行时无功功率的调节，分为如下两个实验：

1) 测取当输出功率等于零时三相同步发电机的 V 形曲线。

2) 测取当输出功率等于 0.5 倍额定功率时三相同步发电机的 V 形曲线。

四、实验设备及仪器

(1) 测功机	1 台
(2) 转速表	1 块
(3) 交流电流表	3 块
(4) 交流电压表	2 块
(5) 直流电流表	2 块
(6) 功率表	2 块
(7) 可变电阻器	2 台
(8) 电阻器	1 台
(9) 三相同步旋转指示灯	1 台
(10) 整步表	1 块
(11) 同步电机励磁电源	1 台
或电机系统教学实验台	1 套

五、实验方法

(一) 用准确同步法将三相同步发电机投入电网并联运行

三相同步发电机并网实验接线如图 3-33 所示。G 为同步发电机，M 为直流电动机。

1. 工作原理

三相同步发电机与电网并联运行必须满足以下三个条件：

(1) 发电机的频率和电网频率要相同，即 $f_{\text{II}} = f_{\text{I}}$；

(2) 发电机和电网电压大小、相位要相同，即 $U_{\text{II}} = U_{\text{I}}$；

(3) 发电机和电网的相序要相同。

为了检查这些条件是否满足，可用电压表检查电压，用灯光旋转法或整步表法检查相序和频率。

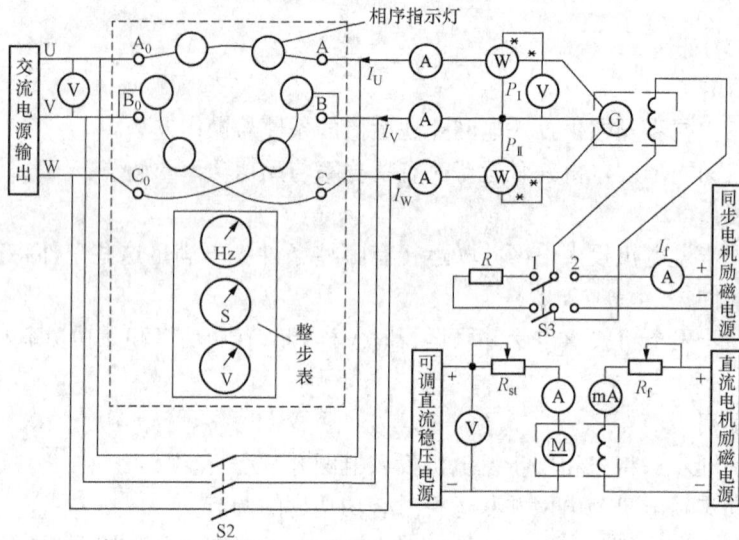

图 3 - 33　三相同步发电机并网实验接线图

2. 实验步骤

（1）三相调压器调至最小输出位置，开关 S2 断开，S3 合向"1"端，接通交流电源，调节调压器，使交流输出电压达到同步发电机额定电压。

（2）直流电动机电枢调节电阻 R_{st} 调至最大，励磁调节电阻 R_f 调至最小，先接通直流电机励磁电源，再接通可调直流稳压电源，并调节到直流电动机的额定电压，电动机旋转，调节 R_f 使电机转速接近额定转速。

（3）开关 S3 合向"2"端，闭合同步发电机励磁电源开关，并调其励磁电压大小，来调节同步发电机励磁电流 I_f，使同步发电机发出额定电压。

（4）观察三组相灯，若依次明灭形成旋转灯光，则表示发电机和电网相序相同，若三组灯同时发亮、同时熄灭，则表示发电机和电网相序不同。当发电机和电网相序不同时，则应先停机，调换发电机或三相电源任意二根端线以改变相序后，按前述方法重新起动电动机。

（5）当发电机和电网相序相同时，调节同步发电机励磁电流 I_f 使同步发电机电压和电网电压相同。再细调直流电动机转速，使各相灯光缓慢地轮流旋转发亮，此时接通整步表直键开关，观察整步表 V 表和 Hz 表指在中间位置，S 表指针逆时针缓慢旋转。

（6）待 A 相灯熄灭时合上并网开关 S2，把同步发电机投入电网并联运行。

（7）停机时应先断开整步表，断开并网开关 S2，将 R_{st} 调至最大，三相调压器旋到零位，并先断开电枢电源后断开直流电机励磁电源。

（二）用自同步法将三相同步发电机投入电网并联运行

（1）在并网开关 S2 断开且相序相同的条件下，把开关 S3 合向"2"端接至同步电机励磁电源，断开整步表电源。

（2）按前述方法起动直流电动机，并使直流电动机升速到接近同步转速。

（3）起动同步电机励磁电流源，并调节励磁电流 I_f 使发电机电压约等于电网电压。

（4）将开关 S3 闭合到"1"端，接入电阻 R（R 约为三相同发电机励磁绕组电阻的 10 倍）。

（5）合上并网开关 S2，再把开关 S3 闭合到"2"端，这时电机利用"自整步作用"使它迅速被牵入同步。

（三）三相同步发电机与电网并联运行时有功功率的调节

（1）按上述（一）、（二）任意一种方法把同步发电机投入电网并联运行。

（2）并网以后，调节直流电动机的励磁电阻 R_f 和同步电机的励磁电流 I_f，使同步发电机定子电流接近于零，这时相应的同步发电机励磁电流 $I_f=I_{f0}$，记录于表 3-51 中。

（3）保持这一励磁电流 I_f 不变，调节直流电动机的励磁调节电阻 R_f，使其阻值增加，这时同步发电机输出功率 P_2 增加。

（4）在同步电机定子电流接近于零到额定电流的范围内读取三相电流、有功功率，共取数据 6～7 组记录于表 3-51 中。

表 3-51　　　　　　　　　　　**并联运行有功功率调节实验数据**

保持不变条件				$U=U_N=$ _____ V, $I_f=I_{f0}=$ _____ A			
序　号	测　量　值						计算值
	输出电流 I(A)			输出功率 P(W)			φ
	I_U	I_V	I_W	计算 I	P_{I}	P_{II}	$P_2=P_{\mathrm{I}}+P_{\mathrm{II}}$	
1								
2								
3								
4								
5								
6								

表 3-51 中

$$I=\frac{I_U+I_V+I_W}{3}$$

$$P_2=P_{\mathrm{I}}+P_{\mathrm{II}}$$

$$\cos\varphi=\frac{P_2}{\sqrt{3}UI}$$

（四）三相同步发电机与电网并联运行时无功功率的调节

1. 测取当输出功率等于零时三相同步发电机的 V 形曲线

（1）按上述（一）、（二）任意一种方法把同步发电机投入电网并联运行。

（2）保持同步发电机的输出功率 $P_2\approx0$，由 R_{f} 调节完成。

（3）先调节同步发电机励磁电流 I_f，使 I_f 上升，发电机定子电流随着 I_f 的增加上升到额定电流，并调节 R_{st} 保持 $P_2\approx0$。记录此点同步发电机励磁电流 I_f、定子电流 I_U、I_V、I_W 到表 3-52 中。

（4）减小同步电机励磁电流 I_f 使定子电流减小，直到最小值，此过程记录 4～5 组数据，最小值点的数据必测。

（5）继续减小同步电机励磁电流，这时定子电流又将增加，直至额定电流，此过程记录

4～5 组数据，记于表 3 - 52 中。

表 3 - 52 并联运行无功功率调节实验数据表 1

保持不变条件	$n=n_N=$ _____ r/min, $U=U_N=$ _____ V, $P_2\approx0$W				
序号	三 相 电 流 I(A)				励磁电流 I_f(A)
	I_U	I_V	I_W	计算 I	
1					
2					
3					
4					
5					
6					
7					
8					
9					
10					

表 3 - 52 中
$$I=\frac{I_U+I_V+I_W}{3}$$

2. 测取当输出功率等于 0.5 倍额定功率时三相同步发电机的 V 形曲线

（1）按上述（一）、（二）任意一种方法把同步发电机投入电网并联运行。

（2）保持同步发电机的输出功率 P_2 等于 0.5 倍额定功率，通过电动机励磁回路 R_f 调整。

（3）先调节同步发电机励磁电流 I_f，使 I_f 上升，发电机定子电流随着 I_f 的增加上升到额定电流。记录此点同步发电机励磁电流 I_f、定子电流 I_U、I_V、I_W 于表 3 - 53 中。

（4）减小同步电机励磁电流 I_f 使定子电流减小，直到最小值，此过程记录 4～5 组数据，其中定子电流的最小值的数据必测。

（5）继续减小同步电机励磁电流，这时定子电流又将增加，直至额定电流，此过程记录 4～5 组数据，记于表 3 - 52 中。

表 3 - 53 并联运行无功功率调节实验数据表 2

保持不变条件	$n=n_N=$ _____ r/min, $U=U_N=$ _____ V, $P_2\approx0.5P_N$				
序号	三 相 电 流 I(A)				励磁电流 I_f(A)
	I_U	I_V	I_W	计算 I	
1					
2					
3					
4					
5					
6					
7					
8					
9					
10					

表 3 - 53 中

$$I=\frac{I_U+I_V+I_W}{3}$$

$$\cos\varphi=\frac{P_2}{\sqrt{3}UI}$$

六、实验报告

（1）评述准确同步法的优缺点。

（2）试述并联运行条件不满足时，并网将引起什么后果？

（3）试述三相同步发电机和电网并联运行时有功功率和无功功率的调节方法。

（4）画出 $P_2 \approx 0$ 和 $P_2 \approx 0.5$ 倍额定功率时同步发电机的 V 形曲线，并加以说明。

实验十二　三相同步电机参数的测定

一、实验目的
掌握三相同步发电机参数的测定方法，进行分析比较，加深理论学习。

二、预习要点
（1）同步发电机参数 X_d、X_q、X_d'、X_q'、X_d''、X_q''、X_0、X_2 各代表什么物理意义？对应什么磁路和耦合关系？

（2）这些参数的测量有哪些方法？进行分析比较。

（3）怎样判定同步电动机定子旋转磁场的旋转方向，转子的方向是同方向还是反方向？

三、实验项目
（1）用转差法测定同步发电机的同步电抗 X_d、X_q。

（2）用反同步旋转法测定同步发电机的逆序电抗 X_2 及负序电阻 R_2。

（3）用单相电源测同步发电机的零序电抗 X_0。

（4）用静止法测超瞬变电抗 X_d''、X_q'' 或瞬变电抗 X_d'、X_q'。

四、实验设备及仪器
（1）转速表　　　　　　　1块
（2）可变电阻器　　　　　2台
（3）电阻器　　　　　　　1台
（4）功率表　　　　　　　2块
（5）交流电压表　　　　　1块
（6）交流电流表　　　　　1块
（7）同步发电机　　　　　1台
（8）他励直流电动机　　　1台
或电机系统教学实验台　　1套

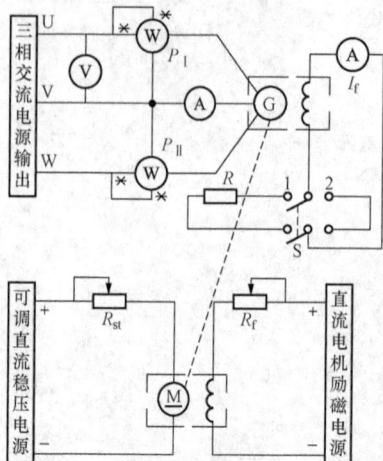

图 3 - 34　用转差法测同步发电机的
同步电抗接线图

五、实验方法
1. 用转差法测定同步发电机的同步电抗 X_d、X_q

按图 3 - 34 接线，同步发电机 G 定子绕组采用 Y 形接法。

直流并励电动机 M 按他励电动机方式接线，用作 G 的原动机。

（1）实验开始前，三相调压器调节到最小输出位置；功率表电流线圈短接，可调直流稳压电源和直流电机励磁电源、同步电机励磁电源处在断开位置，开关 S 合向 R 端。

（2）R_{st} 调至最大，R_f 调至最小，先接通直流电机励磁电源，再接通电枢电源，起动直流电动机，观察电动机转向。

（3）断开直流电机电枢电源和励磁电源，使直流电机停机。调节三相交流电源输出，给三相同步电机加一电压，使其作同步电动机起动，观察同步电机转向。

（4）若此时同步电机转向与直流电机转向一致，则说明同步电机定子旋转磁场与转子转向一致，若不一致，将三相电源任意两相换接，使定子旋转磁场转向改变。

（5）调节调压器给同步发电机加 5%～15% 的额定电压（电压数值不宜过高，以免磁阻转矩将电机牵入同步，同时也不能太低，以免剩磁引起较大误差）。

（6）调节直流电机转速，使之升速到接近同步电机额定转速，直至同步发电机定子电流表指针缓慢摆动，在同一瞬间读取电流周期性摆动的最小值与相应电压的最大值，以及电流周期性摆动的最大值和相应电压的最小值。测此两组数据记录于表 3-54 中。

表 3-54　　　　　同步电机同步电抗实验数据

序号	I_{max}(A)	U_{min}(A)	X_q(Ω)	I_{min}(A)	U_{max}(V)	X_d(Ω)
1						
2						

表 3-54 中

$$X_q = \frac{U_{min}}{\sqrt{3}\,I_{max}}$$

$$X_d = \frac{U_{max}}{\sqrt{3}\,I_{min}}$$

2. 用反同步旋转法测定同步发电机的负序电抗 X_2 及负序电阻 R_2

（1）在上述实验台的基础上，将同步发电机定子绕组任意两相对换，以改换相序使同步发电机的定子旋转磁场和转子转向相反。

（2）开关 S 闭合在短接端，调压器输出退至零位，功率表处于正常测量状态（拆除电流线圈的短接线）。

（3）起动直流电机，并调节电机至额定转速；缓慢增大调压器输出，使三相交流电源逐渐升压，直至同步发电机定子电流达 30%～40% 额定电流。读取定子绕组电压、电流和功率记录于表 3-55 中。

表 3-55　　　　　同步电机负序电抗、电阻实验数据

序号	测 量 数 据				计 算 数 据		
	I(A)	U(V)	P_I(W)	P_{II}(W)	P(W)	R_2(Ω)	X_2(Ω)
1							
2							

表 3-55 中

$$P = P_I + P_{II}$$

$$Z_2 = \frac{U}{\sqrt{3}\,I}$$

$$R_2 = \frac{P}{3I^2}$$

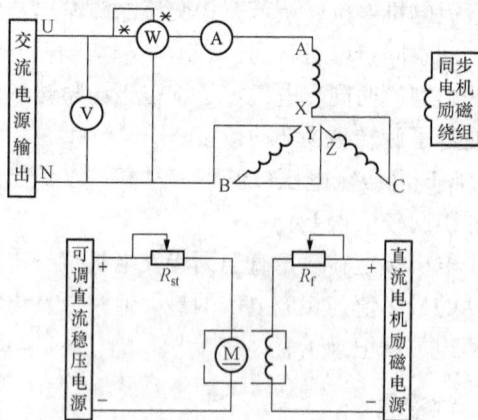

图 3 - 35　用单相电源测同步发电机的
零序电抗接线图

$$X_2 = \sqrt{Z_2^2 - R_2^2}$$

3. 用单相电源测同步发电机的零序电抗 X

（1）按图 3 - 35 接线，将同步电机的三相定子绕组首尾依次串联，接至单相交流电源 U、N 端上。调压器退至零位，同步发电机励磁绕组短接。

（2）直流电动机转子与同步电动机的转子同轴连接，起动直流电动机并使电机升至同步电机额定转速。

（3）接通交流电源，并调节调压器使同步电机定子绕组电流上升到额定电流值。

（4）测取此时的电压、电流和功率值并记录于表 3 - 56 中。

表 3 - 56　　　　　　　　　　单相电源测同步发电机的零序电抗实验数据

序号	$U(V)$	$I(A)$	$P(W)$	计算 $X_0(\Omega)$

表 3 - 56 中，X_0 的计算式为

$$Z_0 = \frac{U}{\sqrt{3}I}$$

$$R_0 = \frac{P}{3I^2}$$

$$X_0 = \sqrt{Z_0^2 - R_0^2}$$

4. 用静止法测超瞬变电抗 X_d''、X_q'' 或瞬变电抗 X_d'、X_q'

（1）按图 3-36 接线，将同步电机三相绕组连接成星形，任取二相端点接至单相交流电源 U、N 端上。

（2）调压器退到零位，发电机处于静止状态。

（3）接通交流电源并调节调压器逐渐升高输出电压，使同步发电机定子绕组电流接近 $20\% I_N$。

（4）用手慢慢转动同步发电机转子，观

图 3-36　用静止法测瞬变电抗接线图

察两只电流表读数的变化，仔细调整同步发电机转子的位置使两只电流表读数达最大。读取这位置时定子绕组的电压、电流、功率值，并记录于表 3 - 57 中。从这数据可测定 X_d' 或 X_d''。

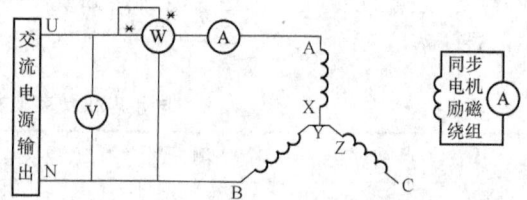

表 3 - 57　　　　　　　　　　静止法测超瞬变电抗直轴实验数据

序号	$U(V)$	$I(A)$	$P(W)$	计算 X_d'' (X_d') (Ω)

表 3 - 57 中，X''_d 或 X'_d 的计算式为

$$Z'_d = \frac{U}{2I}$$

$$R''_d = \frac{P}{2I^2}$$

$$X''_d = \sqrt{Z''^2_d - R''^2_d}$$

（5）把同步发电机转子转过 45°（同步电机主磁极为 2 对；若为 1 对，应转过 90°），在这附近仔细调整同步发电机转子的位置使两只电流表指示达最小。

（6）读取这位置时定子绕组的电压 U、电流 I、功率 P，并记录于表 3 - 58 中，从这数据可测定 X''_q 或 X'_q。

表 3 - 58　　　　　　　　　**静止法测超瞬变电抗交轴实验数据**

序号	U(V)	I(A)	P(W)	计算 X''_q（X'_q）（Ω）

表 3 - 58 中，X''_d 或 X'_d 的计算式为

$$Z'_q = \frac{U}{2I}$$

$$R''_q = \frac{P}{2I^2}$$

$$X''_q = \sqrt{Z''^2_q - R''^2_q}$$

六、实验报告

根据试验数据计算 X_d、X_q、X_2、R_2、X_0、X''_d、X''_q 或 X'_d、X'_q。

七、思考题

（1）各电抗参数的物理意义是什么？

（2）各项实验方法的理论根据是什么？

实验十三　力矩式自整角机实验

一、实验目的
（1）了解力矩式自整角机精度和特性的测定方法。
（2）掌握力矩式自整角机系统的工作原理和应用知识。

二、预习要点
（1）力矩式自整角机的工作原理。
（2）力矩式自整角机精度与特性的测试方法。
（3）力矩式自整角机比整步转矩（又称比力矩）的测量方法。

三、实验项目
（1）测定力矩式自整角发送机的零位误差。
（2）测定力矩式自整角机静态整步转矩与失调角的关系曲线。
（3）测定力矩式自整角机比整步转矩及阻尼时间。
（4）测定力矩式自整角机的静态误差。

四、实验设备及仪器
（1）交流调压电源	1 台
（2）自整角机实验仪	1 台
（3）交流电压表	1 块
（4）砝码	若干
（5）示波器	1 台
或电机系统教学实验台	1 套

五、实验方法

1. 测定力矩式自整角发送机的零位误差 $\Delta\theta_0$。

测定力矩式自整角机零位误差线路如图 3-37 所示。

励磁绕组两端 L1—L2 施加额定激励电压 U_N；将交流电压表接于整步绕组 T2—T3 端测输出电压。

旋转刻度盘，找出输出电压为最小的位置作为基准电气零位。从基准电气零位开始，刻度盘每转过 60°，整步绕组中有一线间电势为零的位置。此位置称作理论电气零位。

整步绕组三线间共有 6 个零位。实验时，对应 T2—T3，转子从基准电气零位正方向转动 0°、180°；则 T3—T1 转至 60°、240°；T1—T2 转至 120°、300°。实测整步绕组三线间 6 个输出电压为最小值的相应位置角度与电气角度，并记录于表 3-59 中。

注意：机械角度超前为正误差，滞后为负误差，取其正、负最大误差绝对值之和的一半，此误差值即为发送机的零位误差 $\Delta\theta_0$，以角度表示。力矩式自整角发送机的精度由零位误差来确定。

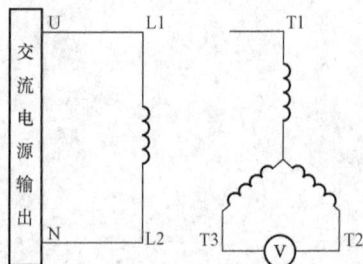

图 3-37　测定力矩式自整角机零位误差线路

表 3 - 59 　　　　　　力矩式自整角发送机的零位误差测量实验数据

理论上应转角度	基准电气零位	+180°	+60°	+240°	+120°	+300°
刻度盘实际转角						
误　　差						

2. 测定静态整步转矩与失调角的关系 $T = f(\theta)$

力矩式自整角机实验接线如图 3 - 38 所示。

将发送机和接收机的励磁绕组加额定励磁电压 U_N，待稳定后，把发送机和接收机调整在 0° 位置，固定发送机刻度盘在该位置不动。

在接收机的指针圆盘上吊砝码，记录砝码重量以及接收机指针偏转角度。

然后增加砝码，逐次记录砝码重量以及接收机转轴偏转角度。在偏转角 θ 从 0°～90° 之间取 7～9 组数据，记录于表 3 - 60 中。

实验完毕后，应先取下砝码，再断开励磁电源。

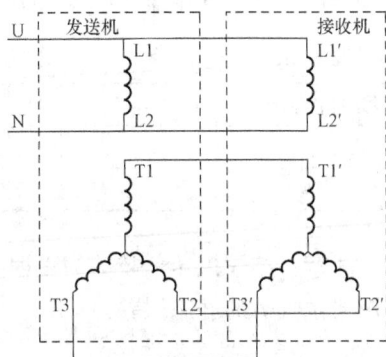

图 3 - 38 力矩式自整角机实验接线图

表 3 - 60 　　　　　　静态整步转矩与失调角关系测量数据

T (g·cm)								
θ (deg)								

表 3 - 60 中
$$T = G \times R$$
式中　G——砝码重量，g；

R——圆盘半径，cm。

3. 力矩式自整角机比整步转矩 T_θ 的测定

在力矩式自整角系统中，接收机与发送机在失调位置附近，单位失调角所产生的整步转矩称为力矩式自整角机比整步转矩，以 T_θ 表示，g·cm/deg。

测定自角整机的比整步转矩时，先旋紧发送机固定螺栓，固定发送机圆盘，在励磁绕组 L1、L2 及 L1′、L2′两端上施加额定电压。实验接线如图 3 - 38 所示。

将接收机整步绕组 T1、T3 端短接，用细线将适当重量的砝码绕挂在指针圆盘上，使指针偏转 5° 左右，测得整步转矩。

实验应在正、反两个方向各测一次，两次测量的平均值应符合标准规定。

比整步转矩 T_θ 的计算式为
$$T_\theta = \frac{T}{2\theta}$$
式中　T——整步转矩，g·cm，$T = G \times R$；

θ——指针偏转的角度，deg；

G——砝码重量，g；

R——轮盘半径，cm。

4. 测定力矩式自整角机的静态误差 $\Delta\theta$

在力矩式自整角机系统中，静态失调时，接收机与发送机转子转角之差即静态误差 $\Delta\theta$，以角度表示。

实验接线仍如图 3-38 所示。将发送机和接收机的励磁绕组加额定励磁电压，待稳定后，把发送机和接收机调整在 0°位置，缓慢旋转发送机刻度盘，每转过 20°，测取接收机实际转过的角度，并记录于表 3-61 中。

表 3-61　　　　　　力矩式自整角机的静态误差测量数据

发送机转角	0°	20°	40°	60°	80°	100°	120°	140°	160°	180°	200°	220°	240°	260°	280°	300°	320°	340°
接收机转角																		
误　差																		

注意：接收机转角超前为正误差，滞后为负误差，正、负最大误差绝对值之和的一半为力矩式接收机的静态误差。

5. 阻尼时间的测定

阻尼时间 t_n 是指在力矩式自整角系统中，接收机自失调位置至协调位置，达到稳定状态所需时间。

测定力矩式自整角机阻尼时间可按图 3-39 接线。

在发送机和接收机的励磁绕组两端 L1、L2 施加额定电压，使发送机的刻度盘和接收机的指针指在 0°位置。固定发送机转轴不动，用手旋转接收机指针圆盘，使系统失调角为 177°。然后，松手使接收机趋于平衡位置，用数字示波器拍摄（或慢扫描示波器观察）取样电阻两端的电流波形，测得阻尼时间 t_n。

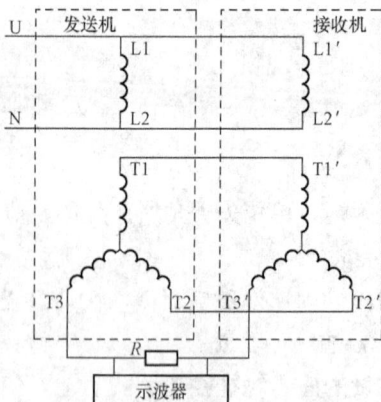

图 3-39　测定力矩式自整角机
阻尼时间接线图

六、实验报告

（1）根据实验结果，求出被试力矩式自整角发送机的零位误差 $\Delta\theta_0$。

（2）作出静态整步转矩与失调角的关系曲线 $T=f(\theta)$。

（3）根据实验结果计算出该力矩式自整角机的比整步转矩 T_θ 的数值。

（4）此次实验所用接收机的阻尼时间 t_n 的实测数值是多少？

（5）根据实验结果，求出被试力矩式自整角接收机的静态误差 $\Delta\theta$。

实验十四　控制式自整角机参数的测定

一、实验目的
(1) 通过实验测定控制式自整角机的主要技术参数。
(2) 掌握控制式自整角机的工作原理和运行特性。

二、预习要点
(1) 控制式自整角机的工作原理和运行特性。
(2) 控制式自整角机的主要技术指标。

三、实验项目
(1) 测自整角变压器输出电压与失调角的关系 $U_2 = f(\theta)$。
(2) 测定比电压 u_θ。
(3) 测定零位电压 U_0。

四、实验设备及仪器
(1) 交流调压器　　　　　　　　　　1台
(2) 自整角机实验仪　　　　　　　　1台
(3) 交流电压表　　　　　　　　　　1块
或电机系统教学实验台　　　　　　　1套

五、实验方法
1. 测定控制式自整角变压器输出电压与失调角的关系 $U_2 = f(\theta)$

控制式自整角机实验接线如图 3-40 所示。

在自整角发送机的 L1、L2 绕组两端施加额定电压 U_N。

旋转发送机刻度盘至 0°位置并固定不动。

用手缓慢旋转自整角变压器的指针圆盘，接在 L1′、L2′两端的数字电压表就会有相应读数，找到输出电压为最小值的位置，即为起始零点。

然后，旋转自整角变压器的指针圆盘，每转过 10°测量一次自整角变压器输出电压 U_2。测取各点 U_2 及 θ 值并记录于表 3-62 中。

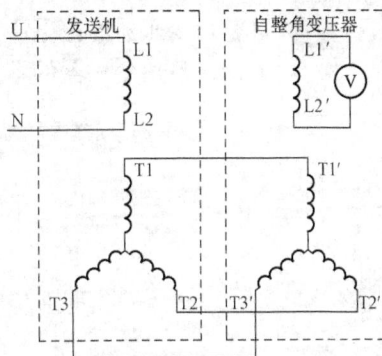

图 3-40　控制式自整角机实验接线图

表 3-62　　　　　自整角变压器输出电压与失调角关系的实验数据

θ (deg)	0°	10°	20°	30°	40°	50°	60°	70°	80°	90°	100°	110°	120°	130°	140°	150°	160°	170°	180°
U_2(V)																			

2. 测定比电压 U_θ

比电压是指自整角变压器在失调角为 1°时的输出电压，单位为 V/deg。

在前面测定控制式自整角变压器的 $U_2 = f(\theta)$ 实验时，用手缓慢旋转自整角变压器的指针圆盘，使指针转过起始零点 5°，在此位置记录自整角变压器的输出电压 U_2 值。计算失调角为 1°时的输出电压 $U_\theta = U_2/\theta$，即为比电压。

　　3. 测定零位电压 U_0

　　测定控制式自整角机零位电压实验接线如图 3-41 所示。先将调压器调在输出电压为最小值位置，把绕组 T3′、T2′两端点短接。

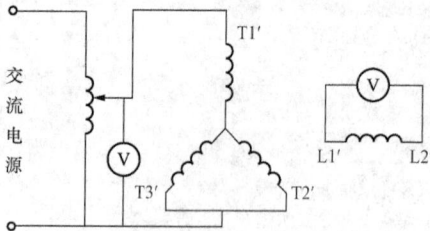

图 3-41　测定控制式自整角机零位
电压实验接线图

　　接通交流电源，调节调压器使输出电压为额定电压并保持不变。

　　用手缓慢旋转指针圆盘，找出控制式自整角机输出电压为最小的位置，即为基准电气零位。指针转过 180°，仍找出零位电压位置。

　　同理，改接相应的绕组端点（使 T3′、T1′短接，T1′、T2′短接），找出输出零位电压的位置。

　　测取六个位置的零位电压值，并记录于表 3-63 中。

表 3-63　　　　　　　　　　　　　　　　零位电压测量实验数据

绕组接法	T1′—T3′T2′		T2′—T1′T3′		T3′—T1′T2′	
理论零位电压位置	0°	180°	60°	240°	120°	300°
实际刻度值						
零位电压大小						

六、实验报告

　（1）作出自整角变压器的输出电压与失调角的关系曲线 $U_2 = f(\theta)$。

　（2）该自整角变压器的比电压为多少？

　（3）被测试自整角变压器的零位电压数值为多少？

实验十五 正余弦旋转变压器实验

一、实验目的

(1) 研究测定正余弦旋转变压器的空载输出特性和负载输出特性。

(2) 研究测定二次侧补偿、一次侧补偿的正余弦旋转变压器的输出特性。

(3) 了解正余弦旋转变压器的几种应用情况。

二、预习要点

(1) 正余弦旋转变压器的工作原理。

(2) 正余弦旋转变压器的主要特性及其实验方法。

(3) 了解正余弦旋转变压器应用中的注意事项。

三、实验项目

(1) 测定正余弦旋转变压器空载时的输出特性。

(2) 测定负载对输出特性的影响。

(3) 二次侧补偿后负载的输出特性。

(4) 一次侧补偿后负载的输出特性。

(5) 正余弦旋转变压器作线性应用时的接线图。

四、实验设备及仪器

(1) 旋转变压器实验仪   1台

(2) 中频调压电源   1台

(3) 可调电阻   1个

或电机系统教学实验台   1套

五、实验方法

1. 测定正余弦旋转变压器空载时的输出特性

正余弦旋转变压器空载及负载实验接线如图 3-42 所示。

D1、D2 为励磁绕组，D3、D4 为补偿绕组，Z1、Z2 为正弦绕组，Z3、Z4 为余弦绕组。

(1) S1、S2、S3 均断开。

(2) 定子励磁绕组 D1、D2 两端施加额定电压 U_N 且保持恒定。

(3) 用手柄缓慢旋转刻度盘，找出正弦输出绕组输出电压最小时的位置，此位置即为起始零位，使刻度盘的 0°对准该起始零位位置。

(4) 在 0°~180°间刻度盘，每转角 10°，测量转子正弦空载输出电压 U_{r10} 与刻度盘转角 α 的数值，并记录于表 3-64 中。

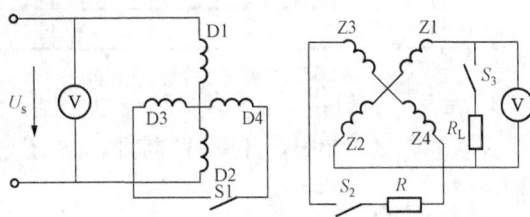

图 3-42 正余弦旋转变压器空载及
负载实验接线图

表 3 - 64 正余弦旋转变压器空载输出特性实验数据

α(deg)	0°	10°	20°	30°	40°	50°	60°	70°	80°	90°
U_{r10}(V)										
α(deg)	100°	110°	120°	130°	140°	150°	160°	170°	180°	
U_{r10}(V)										

2. 测定负载对输出特性的影响

在接线图 3 - 42 中，把开关 S3 闭合，开关 S1、S2 仍打开，使正余弦旋转变压器带负载电阻 R_L 运行。

按上述实验（一）中（2）（3）（4）步骤测量正弦负载输出电压 U_{r1} 与转角 α 的数值，并记录于表 3 - 65 中。

表 3 - 65 正余弦旋转变压器负载输出特性实验数据

α(deg)	0°	10°	20°	30°	40°	50°	60°	70°	80°	90°
U_{r1}(V)										
α(deg)	100°	110°	120°	130°	140°	150°	160°	170°	180°	
U_{r1}(V)										

3. 测量二次侧补偿后负载的输出特性

在接线图 3 - 42 中，开关 S1 断开，S3 闭合接通负载电阻 R_L，S2 闭合，使二次侧余弦输出绕组 Z3、Z4 经补偿电阻 R 闭合。

仍按上述实验（一）中（2）（3）（4）步骤测量正弦负载输出电压 U_{r1} 与转角 α 的数值，并记录于表 3 - 66 中。在实验时，注意一次侧输入电流的变化。

表 3 - 66 正余弦旋转变压器负载二次侧补偿后输出特性实验数据

α(deg)	0°	10°	20°	30°	40°	50°	60°	70°	80°	90°
U_{r1}(V)										
α(deg)	100°	110°	120°	130°	140°	150°	160°	170°	180°	
U_{r1}(V)										

4. 测量一次侧补偿后负载时的输出特性

在接线图 3 - 42 中，开关 S2 断开，S3 闭合接通负载电阻 R_L，S1 闭合，使一次侧接成补偿电路。

仍按上述实验（一）中（2）（3）（4）步骤测量正弦负载输出电压 U_{r1} 与转子转角 α 的数值，并记录于表 3 - 67 中。在实验中，注意一次侧输入电流的变化。

表 3 - 67 正余弦旋转变压器负载一次侧补偿后输出特性实验数据

α(deg)	0°	10°	20°	30°	40°	50°	60°	70°	80°	90°
U_{r1}(V)										
α(deg)	100°	110°	120°	130°	140°	150°	160°	170°	180°	
U_{r1}(V)										

5. 正余弦旋转变压器作线性应用

正余弦旋转变压器作线性应用实验接线如图 3-43 所示。仍按上述实验（一）中（2）（3）步骤，在 0°～90°间，每转角 10°记录输出电压 U_r 与转角 α 的数值，并记录于表 3-68 中。

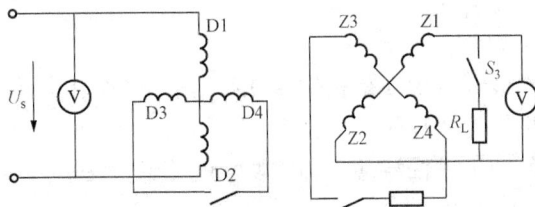

图 3-43　正余弦旋转变压器作线性应用实验接线图

表 3-68　　　　　　　　**正余弦旋转变压器作线性应用实验数据**

α(deg)	0°	10°	20°	30°	40°	50°	60°	70°	80°	90°
U_r(V)										

六、实验报告

（1）根据表 3-64 的实验记录数据，绘制正余弦旋转变压器空载时的输出电压 U_{r10} 与转子转角 α 的关系曲线，即 $U_{r10}=f(\alpha)$。

（2）根据表 3-65 的实验记录数据，绘制负载时输出电压 U_{r1} 与转子转角 α 的关系曲线，即 $U_{r1}=f(\alpha)$。

（3）根据表 3-66 的实验记录数据，绘制二次侧补偿后负载的输出电压 U_{r1} 与转子转角 α 的关系曲线，即 $U_{r1}=f(\alpha)$。

（4）根据表 3-67 的实验记录数据，绘制一次侧补偿后负载的输出电压 U_{r1} 与转子转角 α 的关系曲线，即 $U_{r1}=f(\alpha)$。

（5）根据表 3-68 的实验结果，绘制一次侧补偿的线性旋转变压器带负载时的输出电压 U_r 与转子转角 α 的关系曲线，即 $U_r=f(\alpha)$。分析正余弦旋转变压器作一次侧补偿时，线性旋转变压器的运行情况。

实验十六　交流伺服电机实验

一、实验目的

(1) 了解利用三相四线制电源获得相位差 90°电角度的两相电源的方法。

(2) 了解交流伺服机有无"自转"的原理。

(3) 掌握交流伺服电动机机械特性及调节特性的测量方法。

二、预习要点

(1) 为什么三相调压器输出的线电压 U_{UW} 与相电压 U_{VN} 在相位上相差 90°?

(2) 对交流伺服电动机有什么技术要求? 在制造与结构上采取什么相应措施。

(3) 交流伺服电动机有几种控制方式?

(4) 何为交流伺服电动机的机械特性和调节特性?

三、实验项目

(1) 由三相四线制电源获得相位差 90°电角度的两相电源。

(2) 观察伺服电动机有无"自转"现象。

(3) 测定交流伺服电动机采用幅值控制时的机械特性和调节特性。

四、实验设备及仪器

(1) 涡流测功机	1 台
(2) 转速表	1 块
(3) 交流伺服电机	1 台
(4) 三相四线调压电源	1 台
(5) 交流电压表	1 块
或电机系统教学实验台	1 套

五、实验说明

(1) 为使交流伺服电动机获得起动转矩,需要在电机气隙中建立旋转磁场。在空间位置相差 90°的两相绕组上加大小相等、时间上相差 90°电角度的交流电源,是获得旋转磁场的方法之一。

(2) 三相四线制伺服电动机交流电源电压相量如图 3-44 所示,把线电压 $\dot{U}_{UW}$ 加到电机控制绕组上, $\dot{U}_{VN}$ 加到励磁绕组上,这样 $\dot{U}_{UW}$、$\dot{U}_{VN}$ 相差 90°电角度,如图 3-44 所示。

(3) 本实验用的伺服电动机的额定励磁电压 U_{fN} 为电源的相电压,如图 3-45 所示,$U_{V'N}$ 为电机励磁绕组的额定电压 U_{fN}。

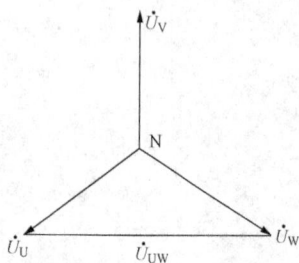

图 3-44　三相四线制伺服电动机交流电源电压相量

六、实验操作

交流伺服电动机幅值控制接线如图 3-45 所示。图中,交流伺服电动机采用 M。三相调压器输出的线电压 U_{UW} 经过开关 S 接交流伺服电机的控制绕组。G 为涡流测功机。

1. 观察交流伺服电动机有无"自转"现象

测功机和交流伺服电动机暂不连接（联轴器脱开），调压器旋钮调到最小输出位置，合上开关S。

接通交流电源，调节三相调压器，使输出电压增加，此时电机应起动运转，继续升高电压直到控制绕组 $U_c = U_{cN}/\sqrt{3} = 0.577U_{cN}$。

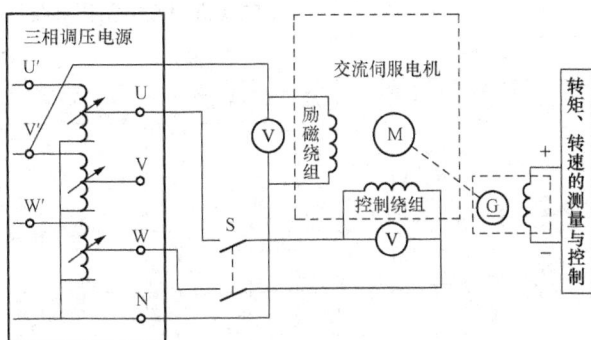

图 3-45　交流伺服电机幅值控制接线图

待电机空载运行稳定后，打开开关S，观察电机有无"自转"现象。

将控制电压相位改变180°电角度，观察电动机转向有无改变。

2. 测定交流伺服电动机采用幅值控制时的机械特性

（1）把测功机和交流伺服电动机同轴连接，调节测功机转矩到最小值，接通调压器电源，此时 $U_f = U_{fN}$，记录于表 3-68 中。

（2）调节三相调压器，使 $U_c = U_{cN}$，保持 U_c 电压值不变，增大测功机负载，测取电动机从空载到接近堵转时的转速 n 及相应的转矩 T_2 的数据 5~6 组，并填入表 3-69 中。

（3）在 $U_f = U_{fN}$ 条件下，调节三相调压器，使 U_c 分别为 $0.75U_{cN}$、$0.5U_{cN}$、$0.25U_{cN}$ 时，重复上面步骤，记录转速 n 及转矩 T_2 数据于表 3-69 中。

表 3-69　　　　　　　　　　电动机幅值控制机械特性的实验数据

保持不变条件		$U_f = U_{fN} =$ _____ V					
$U_c = U_{cN} =$ _____ V	n(r/min)						
	T_2(N·m)						
$U_c = 0.75U_{cN} =$ _____ V	n(r/min)						
	T_2(N·m)						
$U_c = 0.5U_{cN} =$ _____ V	n(r/min)						
	T_2(N·m)						
$U_c = 0.25U_{cN} =$ _____ V	n(r/min)						
	T_2(N·m)						

3. 测定交流伺服电动机采用幅值控制时的调节特性

（1）保持电机的励磁电压 $U_f = U_{fN}$，调节测功机负载转矩 $T_2 = 0$N·m。

（2）调节调压器，使电机控制绕组的电压 U_c 从 U_{cN} 逐渐减小至 0V，记录电机空载运行的转速 n 及相应的控制绕组电压 U_c，并填入表 3-70 中。

（3）仍保持 $U_f = U_{fN}$，调节调压器使 U_c 为 U_{cN}，调节测功机负载，使电机输出转矩 $T_2 = (0.25、0.5、0.75)T_N$ 并保持不变。重复上述步骤，记录转速 n 及相应控制绕组电压 U_c，并填入表 3-70 中。

表 3 - 70　　　　　　　　　　　电动机幅值控制调节特性的实验数据

保持不变条件		$U_f＝U_{fN}＝$＿＿＿ V					
$T_2＝0$	$n(r/min)$						
	$U_c(V)$						
$T_2＝0.25T_N＝$＿＿ N·m	$n(r/min)$						
	$U_c(V)$						
$T_2＝0.5T_N＝$＿＿ N·m	$n(r/min)$						
	$U_c(V)$						
$T_2＝0.75T_N＝$＿＿ N·m	$n(r/min)$						
	$U_c(V)$						

七、实验报告

（1）根据幅值控制实验测得的数据作出交流伺服电动机的机械特性 $n＝f(T_2)$ 和调节特性 $n＝f(U_c)$ 曲线。

（2）分析实验过程中发生的现象。

实验十七　直流伺服电机实验

一、实验目的

(1) 通过实验测出直流伺服电动机的参数 R_a、K_e、K_T。

(2) 掌握直流伺服电动机的机械特性和调节特性的测量方法。

(3) 测直流伺服电动机的机电时间常数，求传递函数。

二、预习要点

(1) 对直流伺服电动机有什么技术要求？

(2) 直流伺服电动机有几种控制方式？

(3) 何谓直流伺服电动机的机械特性和调节特性？

三、实验项目

(1) 用伏安法测出直流伺服电动机的电枢绕组电阻 R_a。

(2) 保持 $I_f = I_{fN}$，分别测取 $U_a = U_N$ 及 $U_a = 0.5U_N$ 的机械特性 $n = f(T_2)$。

(3) 保持 $I_f = I_{fN}$，分别测取 $T_2 = 0.5T_N$ 及 $T_2 = 0$ 的调节特性 $n = f(U_a)$。

(4) 测直流伺服电动机的机电时间常数。

四、实验设备及仪器

(1) 涡流测功机	1 台
(2) 转速表	1 块
(3) 可调直流稳压电源	1 台
(4) 直流电压表	1 块
(5) 毫安表	1 块
(6) 安培表	1 块
(7) 直流并励电动机	1 台
(8) 三相可调电阻	2 个
或电机系统教学实验台	1 套

五、实验说明及操作步骤

1. 用伏安法测电枢的直流电阻 R_a

测电枢绕组直流电阻接线如图 3-46 所示。

(1) 读取实验室温度，填入表 3-71 中。

(2) 检查接线无误后，调节磁场调节电阻 R 使其最大。

(3) 可调直流稳压电源的开关闭合，建立直流电源，并调节其电压到电机的额定电压。

(4) 调节 R 使电枢电流接近电枢额定电流的 20%（若电流过大，电机可能因剩磁旋转而测不出电枢电阻；若此时电流太小，可能由于接触电阻产生较大的误差），迅速测取电机电枢两端电压 U_M 和电流 I_a。将电机转子分别旋转 $\frac{1}{3}$ 和 $\frac{2}{3}$ 周，

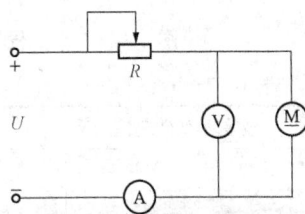

图 3-46　测电枢绕组直流电阻接线图

同样测取 U_M、I_a，填入表 3-71 中。

表 3-71　　　　　　　　　　　伏安法测电枢的直流电阻实验数据

环　境　温　度			$\theta_{ref}=$＿＿＿℃		
序号	U_M(V)	I_a(A)	$R(\Omega)$	$R_a(\Omega)$	$R_{aref}(\Omega)$
1			R_{a1}		
2			R_{a2}		
3			R_{a3}		

取三次测量的平均值作为实际冷态电阻值 $R_a=(R_{a1}+R_{a2}+R_{a3})/3$。

（5）计算基准工作温度时的电枢电阻。由实验测得电枢绕组电阻值为实际冷态电阻值，冷态温度为室温。换算到基准工作温度时的电枢绕组电阻值为

$$R_{aref}=R_a\frac{235+\theta_{ref}}{235+\theta_a}$$

式中　R_{aref}——换算到基准工作温度时电枢绕组电阻，Ω；

　　　R_a——电枢绕组的实际冷态电阻，Ω；

　　　θ_{ref}——基准工作温度，对于 E 级绝缘为 75℃；

　　　θ_a——实际冷态时电枢绕组的温度，取实验室温度，℃。

2. 测直流伺服电动机的机械特性

电路接线如图 3-47 所示。

（1）操作前先把 R_1 置最大值，R_f 置最小值，测功机的转矩调到最小。记录电枢额定电流 $I_N=$＿＿＿ A。

（2）先接通直流电机励磁电源。

（3）再接通直流电机电枢电源，使电动机旋转。电机转动后把 R_1 调到最小值，调节电枢绕组两端的电压，使 $U_a=U_N$，然后保持不变。

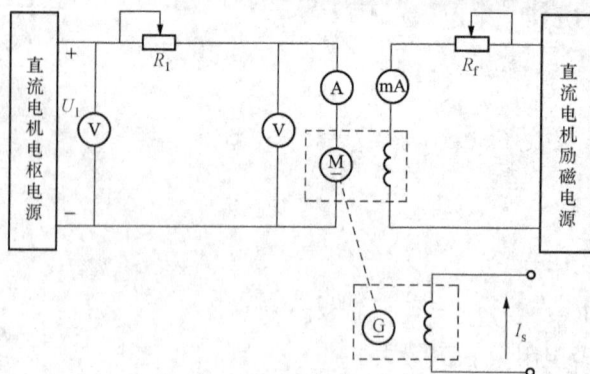

图 3-47　直流伺服电动机接线图

（4）调节测功机转矩，使电动机输出转矩增加，并调节 R_f，使 $n=n_N$，$I_a=I_N$，此时电动机处于额定运行状态，励磁电流为额定电流 I_{fN}，记于表 3-72 中。

（5）保持 $I_f=I_{fN}$ 不变，调节测功机转矩，记录电动机额定负载到空载的 T_2、n、I_a，并填入表 3-72 中。

表 3-72　　　　　　　　　U_N 下直流伺服电动机机械特性实验数据

保持不变的实验条件	$I_f=I_{fN}=$＿＿＿ A，$U_a=U_N=$＿＿＿ V					
T_2(N·m)						
n(r/min)						
I_a(A)						

（6）调节直流稳压电源，使 $U_a=0.5U_N$，重复上面实验步骤（5），记录额定负载到空载的 T_2、n、I_a，并填入表 3 - 73 中。

表 3 - 73　　　　　　　　**0.5U_N 下直流伺服电动机机械特性实验数据**

保持不变的实验条件	$I_f=I_{fN}=$_____ A, $U_a=0.5U_N=$_____ V						
$T_2(\text{N}\cdot\text{m})$							
$n(\text{r/min})$							
$I_a(\text{A})$							

3. 测直流伺服电动机的调节特性

按上述方法起动电机，电机运转后，调节 U_a 到 U_N、$I_f=I_{fN}$，调节涡流测功机转矩，使得 $I_a=0.5I_N$，记录此时转矩 T 读数于表 3 - 74 中。保持该转矩及 $I_f=I_{fN}$ 不变，调节电枢电源，使 U_a 从 U_N 值逐渐减小到 $0.5U_N$，记录电机的 n、U_a、I_a 并填入表 3 - 74 中。

表 3 - 74　　　　　　　　**直流伺服电动机的调节特性**

保持不变的实验条件	$I_f=I_{fN}=$_____ A, $T_2=$_____ N·m						
$n(\text{r/min})$							
$U_a(\text{V})$							
$I_a(\text{A})$							

设置涡流测功机为空载状态，仍保持 $I_f=I_{fN}$，电机在空载状态，调节直流稳压电源，使 U_a 从 U_N 逐渐减小到 $0.5U_N$，记录电动机的 n、U_a、I_a 并填入表 3 - 75 中。

表 3 - 75　　　　　　　　**直流伺服电动机的调节特性**

保持不变的实验条件	$I_f=I_{fN}=$_____ A, $T=0$N·m						
$n(\text{r/min})$							
$U_a(\text{V})$							
$I_a(\text{A})$							

六、实验报告

（1）根据实验记录，计算 75℃时电枢绕组电阻 $R_{a75℃}$、K_e、K_T 等参数。

（2）根据实验测得的数据，作出电枢电压控制时电机的机械特性 $n=f(T_2)$ 和调节特性 $n=f(U_a)$ 曲线，并求出电机空载时的始动电压。

（3）分析实验数值及现象。

实验十八　步进电动机实验

一、实验目的

(1) 对步进电动机的驱动电源和电机的工作情况加深了解。

(2) 步进电动机基本特性的测定。

二、预习要点

(1) 了解步进电动机工作的原理和驱动电源情况。

(2) 步进电动机有哪些基本特性？怎样测定？

三、实验项目

(1) 单步运行状态；

(2) 角位移和脉冲数的关系；

(3) 空载实跳频率的测定；

(4) 转子振荡状态的观察；

(5) 平均转速和脉冲频率的关系；

(6) 矩频特性的测定及最大静力矩特性的测定。

四、实验设备及仪器

(1) 涡流测功机	1 台
(2) 转速表	1 块
(3) 步机电机驱动电源	1 台
(4) 安培表	1 块
(5) 步进电动机	1 台
或电机系统教学实验台	1 套

五、实验方法及步骤

1. 步进电动机电源说明

步进电动机电源如图 3 - 48 所示。

"置数"开关：设置步进电机连续转动的步数，在"起动/停止"开关处于"起动"选择时，电机转动，持续转到"置数"开关设定的步数时电机停下来，或再按"起动/停止"开关。

"连续"开关：选择控制信号连续输出。在"起动/停止"开关处于起动状态时，电机起动连续运行状态，直到再按"起动/停止"开关。

"单步"开关：选择单步运行方式，在"起动/停止"开关处于"停止"状态时，按动"单步"钮，控制信号跟随着单步变换，电机单步运行。

"正转/反转"开关：选择 A、B、C 输出信号的正反相序，从而决定转轴转动方向。

"三拍/六拍"开关：选择三拍或者六拍运行方式。

"起动/停止"开关：使电机处于三拍正转连续运行状态。

"调频"旋钮：控制信号频率调节，不同的频率对应不同的转速。

"复位"按钮：电源恢复初始状态。本实验电源置控制信号 C 亮，电源 C 相输出电压。

"清零"按钮：置"计数"显示为零。

"单步"按钮：与"单步"开关配合使用。

"频率"旋钮：调节步进电源输出频率。

"电流调节"旋钮：调节步进电源输出电流的大小。

2. 步进电机特性的测定和动态观察

按图 3-48 接线，注意接线不可接错，测功机和步进电机脱开，且接线时需关闭电机电源。实验中，"电流调节"旋钮处于输出电流为 $0.5I_N$ 位置，电机起动之前用直流安培表测量其旋钮位置，I_N 为控制电机额定电流。

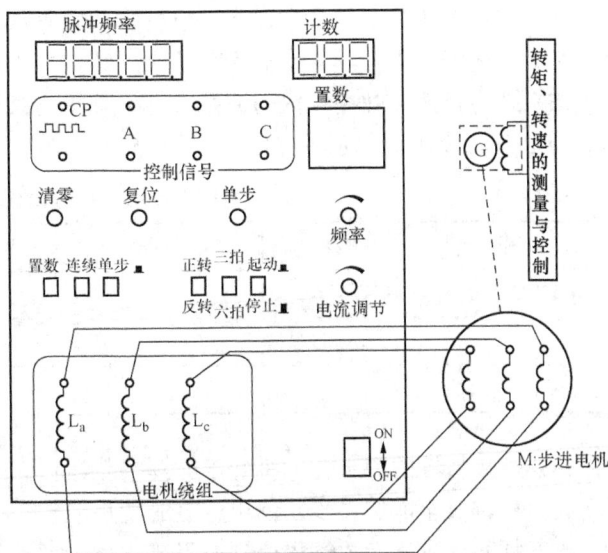

图 3-48　步进电机实验接线图

(1) 单步运行状态。接通电源，按下述步骤操作：

按下"单步"开关，"复位"按钮，"清零"按钮，最后按下"单步"按钮。

每按一次"单步"按钮，步进电机将走一步距角，相应绕组的发光管发亮，不断按下"单步"按钮，电机转子也不断作步进运行，若改变"正转/反转"开关状态，电机作反向步进运动。

(2) 角位移和脉冲数的关系。按下"置数"开关，给拨码开关预置步数，分别按下"复位"、"清零"按钮（操作以上步骤须让电机处于停止状态），记录电机所处位置。

按下"起动/停止"开关，电机运转，调节"调频"旋钮至电机正常运转。电机停转时观察并记录电机实际偏转角度，填入表 3-76 中。

再重新预置步数，重复观察并记录电机实际偏转角度，填入表 3-76 中，并利用公式计算电机理论偏转角度与实际值是否一致。

表 3-76　　　　　　　　　　　　角位移和脉冲数关系的实验数据

序　号	预置步数	实际转子偏转角度	理论偏转角度
1			
2			

进行上述实验时，若电机处于失步状态，则数据无法读出，需调节"调频"旋钮，寻找合适的电机运转速度，使电机处于正常的工作状态。

(3) 空载突跳频率的测定。电机处于连续运行状态，按下"起动/停止"开关，调节"调频"电位器旋钮使频率逐渐提高。

弹出"起动/停止"开关，电机停转，再重新起动电机，观察电机能否运行正常，如正常，则继续提高频率，直至电机不失步的最高起动频率，则该频率为步进电机的空载突跳频率，记为_____ Hz。

（4）转子振荡状态的观察。步进电机脉冲频率从最低开始逐步上升，观察电机的运行情况，有无出现电机声音异常或电机转子来回转，即出现步进电机的振荡状态。

（5）平均转速和脉冲频率的关系。电机处于连续运行状态，改变"调频"旋钮，测量频率 f 与对应的转速 n，则 $n = f(n)$，填入表 3-77 中。

表 3-77　　　　　　　　　　　转速和脉冲频率关系的实验数据

序　号	$f(Hz)$	$n(r/min)$	序　号	$f(Hz)$	$n(r/min)$
1			4		
2			5		
3			6		

（6）矩频特性的测定。电机处于连续空载运行状态，缓慢增大负载转矩旋钮，对电机逐渐增大负载，直至电机失步，读出此时的转矩值。

改变频率，重复上述过程得到一组与频率 f 对应的转矩 T_2 值，即为步进电机的矩频特性 $T_2 = f(f)$，记录于表 3-78 中。

表 3-78　　　　　　　　　　　矩频特性的实验数据

序　号	$f(Hz)$	$T_2(N \cdot m)$	序　号	$f(Hz)$	$T_2(N \cdot m)$
1			4		
2			5		
3			6		

（7）静力矩特性 $T_{max} = f(I)$。

断开电源，将直流安培表串入控制绕组回路中，将"单步"控制开关和"三拍/六拍"开关按下，用制动装置堵住转轴，调节电流 I 到最小。

按下"复位"按钮，使 C 相绕组通电，缓慢转动步进电机手柄，涡流测功机的转矩显示变化，直至测功机发出"咔嚓"一声，转矩显示开始变小，记录变小前的力矩，即为对应电流 I 的最大静力矩 T_{max} 的值。

旋转"电流调节"旋钮，增大 I，重复上述过程，直到 $I = I_N$，可得一组电流 I 值及对应 I 值的最大静力矩 T_{max} 值，即为 $T_{max} = f(I)$ 静力矩特性。可取 4～5 组记录于表 3-79 中。

表 3-79　　　　　　　　　　　静力矩特性实验数据

序　号	$I(A)$	$T_{max}(N \cdot m)$	序　号	$I(A)$	$T_{max}(N \cdot m)$
1			4		
2			5		
3			6		

六、实验报告

对上述实验内容进行总结，并加以分析：

（1）单步运行状态：步距角 = _____。

（2）角位移和脉冲数关系。

（3）空载突跳频率。

（4）平均转速和脉冲频率的特性 $n = f(f)$。

（5）矩频特性 $T_2 = f(f)$。

（6）最大静力矩特性 $T_{max} = f(I)$。

七、思考题

（1）影响步进电机步距的因素有哪些？采用何种方法时步距最小？

（2）平均转速和脉冲频率的关系怎样？为什么特别强调是平均转速？

（3）最大静力矩特性是怎样的特性？

（4）如何对步进电机的矩频特性进行改善？

附录　电机系统教学实验台介绍

一、概述

MEL-Ⅱ型电机系统教学实验台总体外观结构如附图 1 所示。安装在电机工作台上的被试电机 8 可以根据不同的实验内容进行更换。为了实验时机组安装方便和快速的要求，实验台的各类电机均设计成相同的中心高。同时，各电机的底脚采用了与普通电机不同的特殊结构形式。在机组安装时，将各电机之间通过联轴器同轴连接，被试电机的底脚安放在电机工作台的导轨上，只要旋紧两只底脚螺钉，不需做任何调整，就能准确保证各电机之间的同心度，达到快速安装的目的。当测量被试电动机输出转矩时，可从测功机力矩显示窗 4 中直接读取。被试电机的转速是通过与测功机同轴连接的直流测速发电机来测量的，转速高低可以从转速表 7 直接读取。

电源控制屏 2，通过调压器输出单相或三相连续可调的交流电源。

仪表屏 1，根据用户的需要配置指针式和数字式仪表。

实验桌 3，内可放置各种组件及电机，桌面上放置测功机及导轨。

实验时所需的仪表，可调电阻器、可调电抗器和开关箱等组件 6 在实验台上可任意移动，组件内容可以根据实验要求进行搭配。

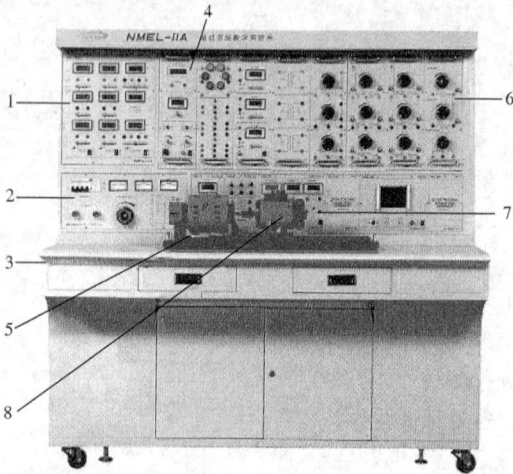

附图 1　电机系统教学实验台总体外观结构
1—仪表屏；2—电源控制屏；3—实验桌；
4—转矩转速显示窗；5—涡流测功机及
其导轨；6—实验所需设备；
7—直流电源；8—被试电机

二、实验设备参数说明

（1）交流调压电源：三相四线输出，线电压 0～430V，容量为 1.5kVA。

（2）交流电压表：分为 125、250、500V 量程，也可以自动选档位。

（3）交流电流表：分为 0.75、1.5、3A 量程，也可以自动选档位。

（4）功率表：电流分为 0.75、1.5、3A 量程，电压分为 125、250、500V 量程，也可以自动选档位。

（5）直流稳压电源：输出电压为 90～250V 连续可调，最大输出电流为 2A，负载调整率小于 1V。

（6）直流电机励磁电源：输出电压为 90～250V，最大输出电流为 0.5A。

（7）同步电机励磁电源：输出电压为 0～24V 连续可调，最大输出电流为 0.5A。

（8）直流电压表：分为 2、20、300V 量程。

（9）直流电流表：分为 2、5A 量程。

（10）直流毫安表：分为 2、20、200mA 量程。

(11) 三相可变电阻器 1：每相有 2 只电阻，每只电阻为 0～90Ω 连续可调，最大电流为 1.3A。

(12) 三相可变电阻器 2：每相有 2 只电阻，每只电阻为 0～900Ω 连续可调，最大电流为 0.41A。

(13) 三相可变电抗器：最大电流为 0.45A，电感量为 1.08H 至无穷大连续可调。

(14) 三相组式变压器：额定容量 $S_{1N}/S_{2N}=231/231$V·A，额定电压 $U_{1N}/U_{2N}=380/95$V，额定电流 $I_{1N}/I_{2N}=0.35/1.4$A，Yy 接法。

(15) 三相心式变压器：额定容量 $S_{1N}/S_{2N}/S_{3N}=152/152/152$V·A，额定电压 $U_{1N}/U_{2N}/U_{3N}=220/63.5/55$V，额定电流 $I_{1N}/I_{2N}/I_{3N}=0.4/1.38/1.6$A，Ydy 接法。

(16) 直流发电机：额定功率 $P_N=100$W，额定电压 $U_N=200$V，额定电流 $I_N=0.5$A，额定转速 $n_N=1600$r/min，E 级绝缘。

(17) 直流串励电动机：额定功率 $P_N=120$W，额定电压 $U_N=220$V，额定电流 $I_N=0.5$A，额定转速 $n_N=1400$r/min，E 级绝缘。

(18) 直流并励电动机：额定功率 $P_N=185$W，额定电压 $U_N=220$V，额定电流 $I_N=1.1$A，额定励磁电流 $I_{fN}<0.16$A，额定转速 $n_N=1600$r/min，E 级绝缘。

(19) 三相鼠笼式异步电动机：额定功率 $P_N=100$W，额定电压 $U_N=220$V，额定电流 $I_N=0.48$A，额定转速 $n_N=1420$r/min，定子三相绕组△接法，E 级绝缘。

(20) 三相绕线式异步电动机：额定功率 $P_N=100$W，额定电压 $U_N=220$V，额定电流 $I_N=0.55$A，额定转速 $n_N=1420$r/min。定、转子三相绕组均为 Y 接法，E 级绝缘。

(21) 双速异步电动机：额定功率 $P_N=120/90$W，额定电压 $U_N=220$V，额定电流 $I_N=0.7/0.7$A，额定转速 $n_N=2900/1450$r/min。定子绕组 Y 接法，E 级绝缘。

(22) 单相电容运转电动机：额定功率 $P_N=120$W，额定电压 $U_N=220$V，额定电流 $I_N=1$A，额定转速 $n_N=1430$r/min，E 级绝缘。

(23) 三相同步发电机：额定容量 $S_N=170$V·A，额定电压 $U_N=220$V，额定电流 $I_N=0.45$A，额定转速 $n_N=1500$r/min，额定功率因数 $\cos\varphi_N=0.8$，额定励磁电压 $U_{fN}=14$V，额定励磁电流 $I_{fN}=1.2$A，定子三相绕组 Y 接法。E 级绝缘。

(24) 三相同步电动机：额定功率 $P_N=90$W，额定电压 $U_N=220$V，额定电流 $I_N=0.35$A，额定转速 $n_N=1500$r/min，额定励磁电压 $U_{fN}=10$V，额定励磁电流 $I_{fN}=0.8$A，定子三相绕组 Y 接法，E 级绝缘。

(25) 三相反应式步进电动机：额定电压 $U_N=24$V，额定电流 $I_N=3$A，步距角 1.5°/3°。

(26) 交流伺服电机：额定功率 $P_N=25$W，额定控制电压 $U_{fN}=220$V，额定励磁电压 $U_N=220$V，堵转转矩 $T_{st}=3$kg·cm，空载转速 $=2700$r/min。

(27) 中频调压电源：波形为正弦波，频率为 (400±5)Hz，电压为 0～70V。

参 考 文 献

[1] 才家刚. 电机试验手册 [M]. 北京：中国电力出版社，1997.

[2] 杜世俊，唐海源，张晓江. 电机及拖动基础实验 [M]. 北京：机械工业出版社，2006.

[3] 于俊民. 电工测量技术 [M]. 北京：中国电力出版社，2007.

[4] 郑治同. 电机实验 [M]. 北京：机械工业出版社，1992.

[5] 顾绳谷. 电机及拖动基础 [M]. 3 版. 北京：机械工业出版社，2004.